PRISTEM/Storia
Note di Matematica, Storia, Cultura

Springer
*Milano
Berlin
Heidelberg
New York
Barcelona
Hong Kong
London
Paris
Singapore
Tokyo*

PRISTEM/Storia

Note di Matematica, Storia, Cultura 3-4

a cura di
Pietro Nastasi

Collana a cura di:
ANGELO GUERRAGGIO
Istituto di Metodi Quantitativi, Università Bocconi, Milano
PIETRO NASTASI
Dipartimento di Matematica, Università di Palermo

Springer-Verlag Italia
una società del gruppo BertelsmannSpringer Science+Business Media GmbH

© Springer-Verlag Italia, Milano 2000

ISBN 88-470-0131-5

Quest'opera è protetta da diritto d'autore. Tutti i diritti, in particolare quelli relativi alla traduzione, alla ristampa, all'uso di figure e tabelle, alla citazione orale, alla trasmissione radiofonica o televisiva, alla riproduzione su microfilm, alla diversa riproduzione in qualsisi altro modo e alla memorizzazione su impianti di elaborazione dati rimangono riservati anche nel caso di utilizzo parziale. Una riproduzione di quest'opera, oppure di parte di questa, è anche nel caso specifico solo ammessa nei limiti stabiliti dalla legge sul diritto d'autore, ed è soggetta all'autorizzazione dell'Editore Springer. La violazione delle norme comporta le sanzioni previste dalla legge.

La riproduzione di denominazioni generiche, di denominazioni registrate, marchi registrati, ecc. in quest'opera, anche in assenza di particolare indicazione, non consente di considerare tali denominazioni o marchi liberamente utilizzabili da chiunque ai sensi della legge sul marchio.

Progetto grafico della copertina: Simona Colombo
Fotocomposizione e impaginazione: Photo Life, Milano
Stampato in Italia: Litorama S.p.A., Milano

SPIN: 10785393

Indice

Presentazione VII

Le date essenziali nella vita di Felix Klein XI

Da Klein a Klein
P. Nastasi 1

CONFERENZE AMERICANE

Introduzione
P. Nastasi 43

Lo sviluppo delle Matematiche nelle Università tedesche 49

Conferenza I - Clebsch 57

Conferenza II - Sophus Lie (I) 67

Conferenza III - Sophus Lie (II) 75

**Conferenza IV - Sulla vera forma delle curve
e delle superfici algebriche** 81

Conferenza V - La Teoria delle funzioni e la Geometria 89

**Conferenza VI - Sul carattere matematico dell'intuizione dello spazio
e sui rapporti delle Matematiche pure con le scienze applicate** 97

Conferenza VII - Sulla trascendenza dei numeri e e π 107

Conferenza VIII - I numeri ideali 115

Conferenza IX - Sulla risoluzione delle equazioni algebriche di grado superiore.. 125

Conferenza X - Su alcuni progressi recenti nella teoria delle funzioni iperellittiche e abeliane...................................... 133

Conferenza XI - Le ricerche più recenti sulla Geometria non euclidea 143

Conferenza XII - Lo studio delle Matematiche a Gottinga.......... 153

La mia vita (autobiografia di Felix Klein) 157

Presentazione

Questo volume delle "Note" è interamente dedicato a Felix Klein (uno dei maggiori matematici tedeschi nei decenni a cavallo tra Ottocento e Novecento) e alle sue *Conferenze americane*, note con il titolo dell'edizione in lingua inglese *The Evanston Colloquium: Lectures on Mathematics*. Come viene esaurientemente spiegato nell'*Introduzione* di Pietro Nastasi (che ha curato tutto il numero e, in particolare, la traduzione e l'ampio saggio iniziale), si tratta delle conferenze tenute da Klein nelle due settimane immediatamente successive al *Congresso Internazionale* dei matematici di Chicago (1893) quando, su invito dei colleghi americani, fu ospite della *Northwestern University*. In particolare, oltre al saggio di Pietro Nastasi, il fascicolo comprende l'articolo di Klein su *Lo sviluppo della Matematica nelle Università tedesche* (cui successivamente si fa riferimento), il testo delle dodici conferenze americane e un'autobiografia scritta da Klein nel 1923, due anni prima della morte.

La scelta di dedicare questo numero doppio delle "Note" alle *Conferenze americane* è largamente giustificato dall'interesse storico e documentario del materiale proposto, per la prima volta tradotto in italiano.

Klein si reca negli Stati Uniti – dove godeva di vasta popolarità nel mondo matematico – per informare i colleghi americani delle più recenti acquisizioni della Matematica tedesca (ed europea, in generale). Ha così l'occasione per felicitarsi di avere, già da qualche anno, un certo numero di studenti americani a Gottinga – cui dà qualche utile suggerimento perché la loro permanenza all'estero possa risultare più produttiva – e per fornire analoghi suggerimenti ai colleghi, sull'orientamento delle loro ricerche. Insomma, tramite le *Conferenze*, assistiamo "in diretta" ad uno dei momenti che caratterizzano la "nascita" della Matematica statunitense. È evidente l'importanza storica del documento, se solo si pensa agli sviluppi di questa realtà – qui colta nella sua fase iniziale, pronta a seguire indicazioni e suggerimenti – nel giro solo di pochi decenni.

Nelle sue dodici *Conferenze*, Klein ha l'occasione di illustrare le problematiche inerenti diversi campi di ricerca, offrendo una ricca panoramica dei risultati ottenuti, in particolare, dalla Matematica tedesca. Siamo nel 1893. È, in realtà, una fotografia di fine secolo quella che scorgiamo attraverso le sue parole, l'ultimo bilancio della Matematica tedesca ed europea dell'Ottocento prima dell'arrivo del *ciclone* Hilbert. Ancora pochi anni e avremo il Congresso di Parigi e i 23 problemi.

Al valore storico si aggiunge l'interesse intrinseco degli scritti qui presentati in traduzione italiana. L'apparato tecnico-simbolico non è mai eccessivo e, in ogni modo, non svolge alcune funzione intimidatoria. Le *Conferenze* rappresentano un momento di divulgazione, di un'alta divulgazione che riesce ad illustrare e a commentare – rivolgendosi a colleghi – anche passaggi particolarmente "scabrosi" ma soprattutto è tesa a presentare idee matematiche, colte nella loro unitarietà, nella loro dinamica storica, nella loro capacità di aprire nuove prospettive.

Quest'ultima osservazione ci porta a completare il quadro delle motivazioni, che hanno indotto le "Note" a riproporre agli studiosi italiani Klein e le sue argomentazioni, accennando al tema dell'attualità o, meglio, della pertinenza della personalità di Klein e delle sue prese di posizione con alcune questioni che sono oggi al centro della riflessione tra i matematici.

La sua personalità matematica, anzitutto. Ricercatore di primissimo piano, è universalmente noto per il suo *Programma di Erlangen* (1872) che fissa l'attenzione sulle proprietà geometriche che risultano invarianti rispetto ad un certo gruppo di trasformazioni (classificando poi le varie geometrie, proprio secondo la natura di questo gruppo). In occasione del centenario del *Programma Erlangen*, Francesco Tricomi ha ricordato come le prospettive così indotte abbiamo dominato le ricerche geometriche di tutto un secolo, a tal punto che può riuscire oggi difficile individuare il contributo originale di Klein in un'acquisizione che si identifica con il nostro ordinario modo di pensare. Naturalmente Tricomi non si è lasciato sfuggire una ghiotta occasione per alimentare la sua feroce polemica contro la Matematica "moderna": "solo in questi ultimissimi anni l'influenza del programma di Erlangen sembra impallidire, ma in ciò alcuni trovano un argomento in più per dubitare se quello che oggi si pone sotto l'etichetta di "geometria" sia veramente ancora tale". Tornando direttamente a Klein, fondamentali rimangono ancora alcuni suoi contributi alla teoria dei gruppi, alle Geometrie non-euclidee, alla teoria delle funzioni (dove sviluppa l'approccio geometrico di Riemann), alle equazioni differenziali.

È un matematico di questo valore – a cui si deve la definitiva legittimazione delle Geometrie non-euclidee, avendo provato che la loro consistenza è indissolubilmente legata a quella della Geometria euclidea – che vediamo fortemente impegnato anche sul versante organizzativo. Per Klein, il lavoro di ricerca non può non prolungarsi all'interno delle istituzioni scientifiche, proprio per dare alla ricerca più solide basi. E anche qui i risultati eccellenti non mancano, con buona pace di chi – sempre e comunque – ripropone il luogo comune del matematico incurabilmente distratto, assolutamente incapace di gestire qualunque realtà sociale, disinteressato al contesto in cui opera. Basti pensare al successo dei *Mathematische Annalen* (fondati da Clebsch, ma che con Klein superano in importanza il *Journal di Crelle*, espressione della scuola "rivale" di Berlino) o al contributo progettuale e organizzativo per l'*Encyklopädie der mathematischen Wissenschaften*. Da questo punto di vista, comunque, il suo "capolavoro" rimane la creazione di Gottinga come polo d'eccellenza e principale centro matematico tedesco; Klein vi insegnerà dal 1886 al pensionamento, chiamandovi Hilbert (da Könisberg) e altri matematici del calibro di Landau o di Minkowski (da Zurigo), e riuscendo a creare il primo posto di professore ordinario di Matematica applicata in Germania.

Non sorprende che una personalità così ricca sottolinei ripetutamente la necessità e la fecondità delle connessioni che la Matematica deve sempre sviluppare con le altre espressioni del pensiero scientifico e tecnologico. Sono temi che rimbalzano negli stessi anni anche in Italia, dove non mancano i matematici (geometri ed analisti) pronti a "rilanciare". Klein è preoccupato che la specializzazione, cui porta inevitabilmente lo sviluppo delle Matematiche, sia vissuta come una frammentazione di una cultura unitaria in tante tecniche che non riescono più a comunicare e a raggiungere una visuale ampia. È preoccupato che l'astrazione faciliti ulteriormente una separazione del discorso matematico e non sia praticata come un'occasione che permette di rintracciare nuovi strumenti per riportare ad unità le diverse teorie. L'invito non viene – come abbiamo visto – da un ricercatore che fatica a seguire gli ultimi sviluppi o è alla caccia di una "nicchia" di confine, dove tranquillamente "mixare" diversi linguaggi, ma da un matematico che ha contribuito ad alcune delle più importanti e raffinate acquisizioni degli ultimi decenni: la Matematica non può isolarsi ma deve sempre alimentare i suoi contatti, in primo luogo, con la Fisica e il mondo tecnologico.

Sono temi che, negli ultimi anni del suo insegnamento, Klein orienta in particolare verso la formazione matematica delle giovani generazioni. Anche qui "l'attualità" di alcune riflessioni è evidente. Riportiamo, per concludere, un breve brano tratto dalla dodicesima conferenza (dedicato allo studio della Matematica a Gottinga): "è senza dubbio vero che l'Università deve soprattutto introdurre lo studente all'ideale scientifico e per tale motivo gli studenti devono spingere i loro studi matematici ben al di là dei campi elementari che potranno insegnare più tardi. Ma quell'ideale non deve essere scelto talmente distante e talmente lontano dalle loro necessità immediate, da far diventare difficile o anche impossibile coglierne la portata sul futuro lavoro, nella vita pratica. In altri termini, l'ideale dovrebbe essere tale da ispirare al futuro professore entusiasmo per la sua carriera e non disprezzo per un lavoro che altrimenti considererà terra terra e indegno".

Felix Klein

Le date essenziali nella vita di Klein

1849	Nasce a Düsseldorf.
1865	Entra all'Università di Bonn, con l'idea di studiare Fisica (e Matematica).
1866	Diventa assistente di Plücker.
1868	Consegue il dottorato e si trasferisce a Gottinga (dove conosce Clebsch), per preparare l'edizione dei lavori di Geometria di Plücker.
1869	Si trasferisce a Berlino, dove frequenta il "Seminario matematico" diretto da Kummer, Weierstrass e Kronecker e dove conosce Lie.
1870	Con Lie va a Parigi dove, in particolare, stringe rapporti di amicizia con Chasles, Darboux e Jordan.
1871	A Gottinga consegue l'abilitazione all'insegnamento universitario.
1872	È nominato Professore dell'Università di Erlangen; il 7 dicembre legge quello che poi sarà noto come "Programma di Erlangen".
1873	Assume la direzione dei "Mathematische Annalen".
1875	Sposa Anne Hegel, nipote del filosofo.

1876	Si trasferisce a Monaco, presso la "Technische Hochschule".
1880	Si trasferisce presso l'Università di Lipsia.
1882	Pubblica il volume "Über Riemanns" Theorie der algebraischen Funktionen und ihrer Integrale".
1884	Pubblica le "Vorlesungen über das Ikosaeder und die Auflösung der Gleichungen vom fünften Grade".
1886	Si trasferisce presso l'Università di Gottinga, che rimarrà la sua sede definitiva.
1890	Pubblica le "Vorlesungen über die Theorie der elliptischen Modulfunktionen".
1893	Compie un viaggio negli USA, in occasione del Congresso Internazionale di Chicago.
1895	Pubblica il volume "Vorträge über ausgewählte Fragen der Elementargeometrie".
1896	Secondo viaggio negli USA.
1897	Pubblica le "Vorlesungen über die Theorie der automorphen Funktionen" (con R. Fricke) e "Über die Theorie der Kreisels" (con A. Sommerfeld).
1907	Viene designato al Senato prussiano, quale rappresentante dell'Università di Gottinga.
1909	È eletto nel Consiglio direttivo del "Deutsches Museum" di Monaco.
1913	Lascia l'Università, per motivi di età e di salute.
1925	Muore a Gottinga.

Da Klein a Klein

PIETRO NASTASI

Premessa

I due *Klein* che appaiono nel titolo si riferiscono agli scritti che pubblichiamo in questo numero, che appartengono a due momenti significativi della vita del grande matematico tedesco. Si tratta delle *Conferenze americane*, seguite al primo Congresso internazionale dei matematici (1893), e della sua *autobiografia* (1923) scritta per un giornale universitario di Gottinga. Trent'anni separano i due scritti e sono gli anni più fulgidi della pur splendida carriera di Klein, quelli del pieno riconoscimento scientifico internazionale (il famoso *Programma di Erlangen* viene tradotto nelle principali lingue matematiche del mondo proprio nei primi anni '90) e del radicamento di Gottinga, come centro matematico alternativo a Berlino, che attira studenti da tutto il mondo per le caratteristiche aperture interdisciplinari ottimamente delineate da Klein nella autobiografia.

È proprio dalla autobiografia che è nato questo numero. Personalmente ne ho avuta notizia da una lettera di Dirk Jan Struik (1894-2000) a Tullio Levi-Civita (1873-1941). La loro corrispondenza[1] verte principalmente su due momenti chiave della vita del matematico olandese: gli studi *post lauream*, a Roma e Gottinga, e la definitiva sistemazione americana grazie anche all'amicizia con Norbert Wiener (1894-1964).

Nel 1989 Struik ha ricordato nel corso di una lunga intervista [Rowe 1989c], con accenti di affettuosa nostalgia, il periodo passato in Italia, e specialmente a Roma, con una borsa di studio Rockefeller. La sua testimonianza si integra molto bene con le lettere a Levi-Civita e dà modo di conoscere i vari personaggi incontrati nel loro ambito sociale, fuori degli schemi accademici, con le loro piccole manie e i tratti caratteristici del loro comportamento, che ne restituiscono un'immagine più vicina alla realtà.

Pensiamo di fare cosa gradita ai lettori, prima di riportare la lettera cui

---

[1] Cfr. P. Nastasi, R. Tazzioli, *Calendario della Corrispondenza di Tullio Levi-Civita (1873-1941) con appendici di documenti inediti*, Palermo, "Quaderni Pristem", n. 9, 1999.

abbiamo accennato, premettendo una scheda biografica sul matematico olandese.

Struik nasce a Rotterdam nel 1894 e nel 1911 entra all'Università di Leida dove studia Algebra e Analisi con J.C. Kluyver, Geometria con P. Zeeman e Fisica con P. Ehrenfest. Dopo avere insegnato per un breve periodo in un liceo di Alkmaar (Amsterdam), si trasferisce a Delft su invito di Jan A. Schouten (1883-1971) e diventa suo assistente (per sette anni). Schouten a quel tempo si interessava di Analisi tensoriale e delle sue applicazioni alla teoria della relatività e Struik, sotto la sua influenza, assume come abito di pensiero quello tipicamente algebrico e geometrico di Klein e di Darboux, che erano stati maestri di Schouten. Nel 1918, pubblicano insieme un lavoro riguardante la relazione tra Geometria e Meccanica nei problemi statici della teoria della relatività. Sarà il primo di una serie di lavori dedicati ad altre applicazioni del calcolo tensoriale. Nel 1922 Struik termina la sua tesi di dottorato, pubblicata nello stesso anno da Springer con il titolo *Grundzüge der mehrdimensionalen Differentialgeometrie in direkter Darstellung*, e riceve il dottorato di ricerca. Nello stesso anno si sposa e, dopo un breve periodo trascorso a Delft con la moglie Ruth, anch'essa laureata in Matematica, grazie ad una borsa di studio Rockefeller, si trasferisce per nove mesi a Roma, dove si perfeziona sotto la guida di Levi-Civita. Passa quindi a Gottinga. È qui che Struik fa amicizia con Norbert Wiener, che lo invita a diventare suo collega al M.I.T. Vi insegnerà dal 1926 fino al suo ritiro, tranne per un periodo di cinque anni quando, durante l'era McCarthy, viene accusato di filocomunismo e di attività sovversiva.

Oltre che come matematico, Struik è (forse maggiormente) conosciuto come insigne storico della Matematica e della Scienza. Il suo libro *A Concise History of Mathematics*, apparso per la prima volta nel 1948 (quarta edizione nel 1987, con un nuovo capitolo sulla Matematica del ventesimo secolo) e tradotto in italiano nel 1981 da U. Bottazzini e V. Sella, con ricche note e una appendice di Bottazzini sulla Matematica italiana del diciannovesimo secolo, è ormai un classico. Non meno famose sono altre due sue opere: *Yankee Science in the Making* e *A Source Book in Mathematics*. Struik è stato anche uno dei fondatori della rivista *Science and Society*.

Veniamo adesso alla sua lettera a Levi-Civita, datata Delft, 14 agosto 1925:

Cher Monsieur,
Nous avons reçu votre carte postale de Cortina qui nous a trouvé à notre nouvelle adresse, ici à Delft. Nous y sommes depuis le soir du 6., après avoir fait quelques promenades dans les environs de Göttingen et dans le Harz. Le semestre à Göttingen a duré jusqu'au premier août, nous avons donc profité des conférences et des discours jusqu'au fin. Au 31 juillet, à

11^h du matin, on a célébré dans une séance solennelle Felix Klein, mort au mois auparavant. M. Courant a prononcé un discours excellent, tâchant de caractériser le défunt de la manière qui aurait semblé la plus juste à Klein lui-même. Cela se démontrait e.[ntre] a.[utres] par la place centrale que M. Courant a donné aux recherches de Klein dans la théorie des fonctions (fonctions automorphes etc.), en général en accentuant le grand travail fait par Klein comme propagandiste des idées de Riemann. Il y avait beaucoup de savants allemands, comme M.M. Carathéodory, Schoenflies, Dehn, Kellinger, Toeplitz, e.[ntre] a.[utres], mais il m'a semblé que le temps de préparation était un peu court de manière qu'il fut presque impossible aux savants étrangers de participer à la conférence. En tout cas il y manqua l'élément étranger, c'était tout à fait une cérémonie infra-allemand, presque infra-"göttingoise".

Klein lui-même a décrit sa vie, il y a quelques années, dans un petit périodique édit à Göttingen. C'est dans cette autobiographie qu'on peut voir comment il voyait sa vie lui-même. Une place centrale occupe un temps de dépression nerveuse terrible qu'il a eu en 1885 et qui, selon lui, a mis fin à la partie la plus productive de sa vie. C'est après cette dépression qu'il a commencé, pour se donner un champ de travail moins délicat, les tentatives d'organisation scientifique et de réorganisation de l'enseignement.

Comme je vous ai dit déjà à Rome, je n'avais pas l'intention de tâcher un travail productif à Göttingen, je voulais profiter de mon séjour à la Georgia Augusta pour m'orienter dans différentes directions. Je suis heureux que j'avais pris, d'avance, cette résolution, car il a été impossible de travailler systématiquement et en silence dans cette partie du semestre d'été. C'était un va-et-viens de mathématiciens et physiciens comme je ne l'ai vu nulle part, chose très intéressante et instructive pour celui qui veut s'orienter un peu, mais qui empêchait tout travail méthodique. M. Courant n'avait pas une heure de repos dans ce temps, car c'est principalement lui qui doit recevoir des étrangers, etc. C'est là que j'ai conversé e. a. avec M.M. Harald Bohr, Fejèr, Nobert Wiener, Ritt. Ces deux derniers sont des Américains de mon âge et appartiennent aux meilleurs mathématiciens américains contemporains. M. Wiener, avec lequel j'avais plusieurs fois le plaisir de m'entretenir, possède une grande connaissance des fonctions réelles (séries de Fourier, procedés de convergence, séries de Dirichlet etc.). Il a reçu l'invitation de M. Courant de revenir à Göttingen pour y faire des conférences sur ce sujet. (...)

Agréez, monsieur, l'expression de mes sentiments les plus reconnaissants, aussi de la part de ma femme. Nous vous prions aussi de saluer Madame Levi-Civita respectueusement.

Votre dévoué
D.J. Struik

Je vous écrit ici précisément le titre de l'autobiographie de Klein qui vous intéressera peut-être: Universitaetsbund Göttingen. Mitteilungen Jahrs. 5 Heft 1, 15 August 1923, p. 11 - 36: Göttinger Professoren. Lebensbilder von eigener Hand Felix Klein. Professor der Mathematik in Göttingen seit 1886.

Il riferimento di Struik è talmente preciso che non è stato difficile, grazie all'aiuto del prof. S.J. Patterson, del Dipartimento matematico di Gottinga, che vivamente ringrazio, recuperare il testo. Mi ha subito colpito, della biografia di Klein, sia la completezza dei temi – gli elementi scientifici, didattici e istituzionali che hanno fatto oggetto di un cinquantennio di magistero – sia l'attualità di alcuni di questi temi, che i nostri lettori non avranno difficoltà a riconoscere. Si tratta di problematiche nettamente anticipate nelle Conferenze americane, che proprio per questo sono state premesse.

Come accenna già Struik nella lettera appena citata e come si leggerà direttamente, l'autobiografia consente di poter suddividere l'attività di Klein in quattro periodi principali: 1) il periodo creativo (1865-1882); 2) il periodo della formazione della "scuola" (1883-1893); 3) il periodo dell'impegno nella politica della ricerca e dell'insegnamento (1894-1914); 4) il periodo finale (1914-1925), dedicato al ripensamento e alla funzione di "grande vecchio".

Il periodo creativo di Felix Klein: la formazione e i primi lavori

Klein nasce a Düsseldorf da genitori che, come scriverà nell'autobiografia, "non erano renani né per origine né per sentimenti". Il padre, dal carattere rigido, tipico della vecchia Prussia, è così caratterizzato: "tenace volontà, operosità indefettibile, freddo senso della realtà, totale affidabilità e oculata economia: sono queste le tradizionali qualità di quella stirpe tedesca che erano incarnate fedelmente anche in mio padre". La madre, invece, che proveniva da una comunità di immigrati dalla zona industriale di Aachen, "era di carattere più allegro e di princìpi meno rigidi di quelli di mio padre. Fonte principale della vita spirituale in famiglia erano i suoi molteplici interessi".

L'istruzione elementare, dopo quella materna, avviene presso la scuola privata "del maestro Krumbach"; nel 1857, Klein entra nel ginnasio umanistico (allora di 8 anni) di ispirazione cattolica:

[La scuola] si proponeva piuttosto di trasmettere ai propri allievi l'ideale educativo del tempo, essenzialmente filologico-umanistico. Imparavamo a pensare in maniera grammaticalmente corretta, acquisivamo una conoscenza multiforme delle proprietà dialettiche e altre particolarità delle lingue classiche, eravamo in grado di usare con una certa facilità e in maniera autonoma il materiale linguistico acquisito; però il contenuto vitale degli autori studiati, la poesia, la storia della cultura, le tradizioni popolari, tutto ciò non ci sfiorava affatto. Analogamente, la storia ci veniva insegnata attraverso una mostruosa quantità di fatti ma senza vivacità o punti di vista generali. Si era dell'avviso che lo studente sarebbe stato educato nella maniera migliore se avesse dovuto districarsi a prezzo di duro lavoro attraverso materiali aridi e ostici. Questo metodo, che escludeva la fantasia e qualunque senso artistico e trascurava molte cose veramente educative, serviva tuttavia ad inculcarci una capacità preziosa: quella di lavorare, lavorare e ancora lavorare. Non posso dire di avere sofferto per questo tipo di insegnamento formale e mnemonico. Infatti, come gli alti livelli di impegno ed energia richiesti si confacevano al mio desiderio di imparare, così pure l'enfasi sugli aspetti logico–grammaticali corrispondeva al mio carattere mentale. Ricordo ancora oggi la gran soddisfazione che provai quella volta che riuscii a tradurre in versi greci senza errori un certo numero di strofe da "Le Gru d'Ibico" di Schiller. Dubito però di avere afferrato contenuto e valore poetico della poesia.

Nel 1865, a sedici anni, Klein inizia gli studi universitari a Bonn, dove attira l'attenzione di Julius Plücker (1801-1868). Seguendone l'iniziale tendenza verso gli studi di Fisica, l'anno dopo Plücker lo fa nominare assistente nel suo corso di Fisica sperimentale.

Plücker era principalmente un fisico sperimentale, ma nel 1863 era ritornato agli iniziali studi di Geometria proiettiva (degli anni '30). Nel periodo in cui Klein è assistente di Plücker, questi sta mettendo a punto un compendio della propria ricerca matematica. Riesce a pubblicare solo il primo volume del lavoro dedicato alla *Nuova geometria dello spazio, fondata sulla considerazione della retta come elemento spaziale*[2] (1868), dove illustra la produttività dei metodi algebrici in Geometria proiettiva assumendo la retta, e non il punto, come elemento fondamentale dello spazio. Ma

---

[2] J. Plücker, *Neue Geometrie des Raumes, gegründet auf die Betrachtung der geraden Linie als Raumelement*, Leipzig, Teubner, 1868.

Plücker muore in quello stesso anno e lascia il secondo volume della sua opera allo stato di semplici appunti.

Klein perde il posto di assistente, ma consegue il diploma di laurea a Bonn sotto la guida di Rudolph Lipschitz (1832-1903), discutendo una tesi che seguiva la linea di pensiero di Plücker[3]. La scomparsa del maestro lo rende comunque incerto sulla direzione da dare alla propria ricerca. Nonostante i legami avviati con Lipschitz, è il matematico Alfred Clebsch (1833-1872) che gli fa sciogliere ogni dubbio residuo all'alternativa fra Fisica e Matematica.

Agli inizi del 1869, l'editore Teubner di Lipsia, per non lasciare incompiuta l'opera di Plücker, chiede a Clebsch di curarne la seconda parte. Clebsch, colpito quanto Plücker dalle capacità matematiche di Klein, ritiene che sia quest'ultimo la persona più adatta per un tale incarico. Gli eventi seguono questo corso e Klein si trasferisce a Gottinga.

Clebsch si era formato alla scuola di Könisberg, dove era viva la tradizione di Jacobi (1804-1851) – attraverso il suo allievo Friedrich Richelot (1808-1875) – e del geometra Otto Ludwig Hesse (1811-1874). Questi indirizzò Clebsch allo studio della Geometria algebrica dei matematici inglesi Arthur Cayley (1821-1895), James Joseph Sylvester (1814-1897) e George Salmon (1819-1904)[4], "le cui idee Clebsch inserì in una nuova e brillante interpretazione della teoria delle funzioni di Bernhard Riemann" ([Rowe 1989], p. 188). Come giustamente scrive Klein nella prima delle *Conferenze americane* (significativamente dedicata proprio a Clebsch) e come sottolinea Rowe riportando il giudizio di Shafarevich, il risultato fu la famosa Memoria "Sull'applicazione delle funzioni abeliane alla Geometria" del 1864 che segna "il primo vagìto della moderna Geometria algebrica". Negli anni '60, Clebsch fonda a Giessen una vivace scuola di Geometria algebrica e di teoria degli invarianti i cui protagonisti, tutti in qualche modo legati al tratto ascendente della carriera di Klein, sono Paul Gordan, Alexander Brill, Max Noether, Ferdinand Lindemann, Aurel Voss e Jacob Lüroth.

Clebsch era un fervido ammiratore del lavoro pioneristico svolto in Geometria algebrica da Plücker, ma mentre questi rimaneva legato a

---

[3] Cfr. F. Klein, "Über die Transformation der allgemeinen Gleichung des zweiten Grades zwischen Linien-koordinaten auf eine kanonische Form" [Sulla trasformazione dell'equazione generale di secondo grado a una forma canonica, per mezzo delle coordinate di retta], Inauguraldissertation, Bonn 12 dicembre 1868, pubblicata in *Mathematische Annalen*, 23 (1884), rist. in [Klein 1921-23], 1, pp. 5-49.

[4] Si vedano le belle pagine che a loro dedica Klein nelle sue "Lezioni di storia sulla matematica del XIX secolo".

un'immagine della Geometria proiettiva come settore autonomo e seguiva quindi il proposito di adattare la Geometria analitica alla nuova Geometria proiettiva, Clebsch studia la Geometria proiettiva in funzione delle forme algebriche. La più ampia e chiara visione dei problemi della Geometria del tempo spinge Clebsch a individuare quanto era comune nei diversi metodi usati in Geometria, piuttosto che sottolinearne le diversità. È Clebsch che trasmette al giovane Klein l'interesse per l'unità dei metodi.

Clebsch, come s'è detto, stava emergendo negli anni '60 come il più dinamico matematico tedesco operante al di fuori della scuola di Berlino e nel 1868 gli viene offerta a Gottinga la cattedra che era stata tenuta da Bernhard Riemann (1826-1866). Effetto di tale dinamismo, e allo stesso tempo preciso segnale di un'alternativa a Berlino che lascerà tracce visibili in Klein, sono i *Mathematische Annalen* che Clebsch fonda, nello stesso 1868, assieme a Carl Neumann (1832-1925), in aperta concorrenza con lo storico *Giornale di Crelle* (*Journal für die reine und angewandte Mathematik*), fondato nel 1826 a Berlino da August Leopold Crelle (1780-1855), ingegnere, imprenditore e matematico dilettante, membro dell'Accademia delle Scienze di Berlino.

Così i primi lavori di Klein compaiono su *Mathematische Annalen*[5]. Il più interessante di questi scritti è il primo articolo, "Sulla teoria dei complessi di rette di primo e secondo grado". Nel 1864, Ernst E. Kummer (1810-1893) aveva studiato le famiglie di rette che rappresentano i raggi di luce e, considerando le superfici focali associate, era stato condotto a introdurre una superficie del quart'ordine con 16 punti doppi e 16 piani doppi – detta appunto *superficie di Kummer* – quale superficie focale di un sistema di raggi del secondo ordine. Essa comprende (come caso particolare) la superficie delle onde di Fresnel, che rappresenta il fronte d'onda della luce che si propaga in un mezzo anisotropo. Nello scritto citato, Klein (assumendo l'identità fra raggi luminosi e fasci di rette) dimostra che è più semplice generare la superficie di Kummer a partire da un complesso di rette, anziché da un insieme di punti. Il suo scritto è un'applicazione pratica dei metodi geometrici di Plücker e mira a dare risalto alla loro efficacia. Sull'argomento, Klein ritornerà nella quarta delle *Conferenze americane*.

---

[5] Cfr. F. Klein, "Zur Theorie der Linienkomplexe des ersten und zweiten Grades" [Sulla teoria dei complessi di rette di primo e secondo grado], "Die allgemeine lineare Transformation der Linienkoordinaten" [Trasformazione lineare generale delle coordinate di retta], Über Abbildung der Komplexflächen vierter Ordnung und vierter Klasse [Sulla rappresentazione delle superfici complesse di quarto ordine e di quarta classe], *Mathematische Annalen*, 2 (1870), rist. in [Klein 1921-23], 1, pp. 53-80, 81-86, 87-88.

L'arrivo nell'atmosfera matematica creata a Gottinga da Clebsch genera un entusiasmo che Klein sente ancora fortemente a più di cinquant'anni di distanza:

> a Gottinga mi trovai in un ambiente scientifico nuovo. Alle lezioni specialistiche di Clebsch assistevano solo poche persone; tuttavia gli stimoli che mi causarono sia le lezioni sia i contatti personali con Clebsch furono notevoli. Presto mi ritrovai a far parte di un gruppo di colleghi (Noether, Riecke ed altri) e cominciò per me un periodo di entusiasmante attività scientifica. Di conseguenza, ancora una volta, anche se presto fui introdotto nella casa di Wilhelm Weber, la Fisica passò in secondo piano. Infatti, non esercitava su di me alcuna attrattiva il lavoro portato avanti dagli allievi di Weber che, privo della ricerca di nuovi punti di vista, aveva solo lo scopo di scomporre e ricomporre in dettaglio un'immagine della realtà fisica già consolidata.

L'influenza di Clebsch non solo spinge Klein ad allargare i propri interessi ai vari metodi della Geometria, ma genera anche il suo desiderio di comprendere le ragioni del conflitto teorico fra le diverse scuole tedesche di Matematica. Perciò, dopo avere pubblicato il secondo volume dell'opera di Plücker, si trasferisce nel 1869 a Berlino. Vi frequenta il *Seminario Matematico,* fondato da Kummer e da quest'ultimo diretto in collaborazione con Karl Weierstrass (1815-1897) e Leopold Kronecker (1823-1891), e, nell'intento di capire quale uso possa realmente farsi del metodo geometrico di Plücker, segue con particolare interesse i corsi di Geometria di Kummer.

Proprio in quegli anni si era recato a studiare presso Kummer anche il matematico norvegese Sophus Lie (1842-1899), che poteva vantare una formazione molto prossima a quella di Klein e conosceva a fondo la Geometria di Plücker. La circostanza spiega l'amicizia che presto s'instaura fra i due giovani studiosi.

Al *Seminario matematico,* Lie presenta una relazione nella quale avanza l'ipotesi che sia possibile ricondurre lo studio dei complessi di rette di Plücker a quello di un insieme continuo di trasformazioni geometriche. A Klein una simile idea sembra originale. Aiuta così Lie a redigere un articolo in tedesco, preoccupandosi di farlo pubblicare da Clebsch sul *Notiziario* dell'Università di Gottinga[6]. Questo lavoro lo induce anche ad approfondi-

---

[6] Cfr. S. Lie, "Über die Reziprozitätsverhältnisse des Reyeschen Komplexes" [Sulle relazioni di reciprocità del complesso di Reye], *Göttingen Nachrichten*, 1870, pp. 53-66.

re la conoscenza dei contributi di Cayley alla Geometria proiettiva. Avvicinatosi alla Geometria dal punto di vista dell'Algebra, Cayley era in realtà interessato all'interpretazione geometrica delle "quantiche" (forme polinomiali omogenee); cercando di dimostrare che le nozioni metriche possono essere formulate in termini proiettivi, aveva concentrato la sua attenzione sui rapporti fra Geometria euclidea e Geometria proiettiva[7].

Altra importante esperienza berlinese di Klein è l'incontro con il matematico austriaco Otto Stoltz (1842-1905), che fornisce a Klein notizie dettagliate sulla Geometria di Bolyai e Lobacevskij. Venuto a conoscenza dell'esistenza delle Geometrie non euclidee, Klein intuisce che secondo i risultati di Cayley anche le metriche non euclidee dovrebbero potersi costruire come casi particolari di Geometria proiettiva. Avanza l'ipotesi in una relazione tenuta al *Seminario matematico* di Weierstrass, ma questi esprime un giudizio negativo perché ritiene che una Geometria costruita indipendentemente dal concetto di distanza non abbia alcun senso. In realtà, l'intervento di Klein era lacunoso e affrettato. Non aveva tenuto conto del fatto che Cayley aveva trattato algebricamente la Geometria proiettiva, servendosi delle coordinate di Plücker che assumono implicitamente il concetto euclideo di distanza. Il mancato apprezzamento di Weierstrass, giustamente considerato in quel tempo il più grande matematico vivente, sarà per Klein e Lie motivo di un risentimento duraturo. La verità è che Weierstrass non nutriva alcun interesse per gli studi di Geometria, di fatto terminati a Berlino con la scomparsa di Jacob Steiner (1796-1863); per altro verso, Klein e Lie erano del tutto ignari del lavoro che Weierstrass stava conducendo in direzione della "aritmetizzazione dell'analisi", obiettivo diventato fondamentale per tutta la scuola di Berlino[8].

La progressiva divergenza d'interessi consiglia ai giovani Klein e Lie di recarsi in Francia, patria indiscussa della Geometria proiettiva, e in Inghilterra. Lie si trasferisce a Parigi agli inizi del 1870; Klein lo raggiunge qualche mese dopo.

Il sistema culturale francese era completamente diverso da quello tedesco. La mancanza di uno stato nazionale centralizzato aveva generato in Germania una serie di centri culturali, che coltivavano ognuno la propria tradizione, mentre Parigi era l'unico vero centro della cultura francese. Al contrasto fra Gottinga e Berlino, come rispettivi centri di studio della

---

[7] Cfr. A. Cayley, "A sixth memoir upon quantics", *Philosophical Transactions of the Royal Society of London*, CXLIX (1859), pp. 61-91.
[8] Si veda il giudizio di Klein nello scritto "Lo sviluppo delle matematiche nelle università tedesche", che abbiamo fatto precedere alle *Conferenze americane*.

Geometria e dell'Analisi, Parigi oppone la simultanea presenza di grandi maestri, Michel Chasles (1793-1889) per la Geometria, Charles Hermite (1822-1901) per l'Analisi e Camille Jordan (1838-1922) per la teoria di Galois. Per Klein e Lie, Parigi rappresentava proprio la giusta scelta della sede di studi.

A Parigi, i due giovani studiosi conoscono Chasles e intessono rapporti d'amicizia con Gaston Darboux (1842-1917) e Jordan, che proprio allora stava preparando la stampa del famoso *Traité des substitutions et des équations algébriques* (Paris, Gauthier-Villars) che costituisce la prima sistematizzazione della teoria dei gruppi nella letteratura mondiale ([Yaglom 1988], p. 20). L'incontro con Darboux, specialista di Geometria differenziale e autore delle ben note *Leçons sur la théorie générale des surfaces et les applications géométriques du calcul infinitésimal* (4 voll., Paris, Gauthier Villars, 1887-1896), citate da Klein nella prima delle due *Conferenze* dedicate a Lie, è davvero stimolante per il percorso scientifico di Klein che così lo descrive ([Rowe 1989a], pp. 255-56, trad. mia).

> Queste ricerche [dei geometri francesi] ci furono comunicate in numerosi colloqui con Darboux e suscitarono ancora di più il nostro interesse, perché rivelavano una analogia sorprendente tra la teoria delle ciclidi e quella dei complessi di rette di secondo grado presentata poco tempo prima nel mio lavoro[9] (...). Ricordo che un giorno Darboux, mostrandoci un manoscritto in cui si dava una trattazione dettagliata della teoria delle ciclidi, aggiunse l'osservazione di aver ottenuto la mia stessa formula con cinque variabili anziché sei. Senza alcun dubbio doveva esserci un principio di trasferimento che associava la geometria della retta alla geometria metrica; da qui, sviluppando ulteriormente questa linea di pensiero, presero corpo quelle idee che sviluppai nel 1871 in (...)[10]. Contemporaneamente, questa questione prese una nuova forma e assunse interesse di gran lunga maggiore con la scoperta di Lie, fatta proprio in quei giorni, della sua bella trasformazione che porta la geometria della retta in una geometria della sfera, mandando le linee asintotiche di una superficie nelle linee di curvatura di un'altra. Quest'ultimo fatto fu così notevole che il nostro interesse immediato si concentrò necessariamente su esso.

---

[9] "Zur Theorie der Liniencomplexe des ersten und zweiten Grades" (Sulla teoria dei complessi di rette di primo e secondo grado), *Mathematische Annalen*, 2 (1870), rist. in [Klein 1921-23], pp. 53-80.

[10] "Über Liniengeometrie und metrische Geometrie", *Mathematische Annalen*, 5 (1872), rist. in [Klein 1921-23], pp. 106-126.

Il confronto con Darboux suggerisce dunque a Klein e Lie di redigere due Note, che Chasles presenta all'*Accademia delle Scienze*[11]. Riprendendo l'idea centrale dei loro precedenti lavori, essi dimostrano che una famiglia di curve o di superfici può essere studiata per mezzo di una classe infinita di trasformazioni lineari. In realtà, l'uso delle trasformazioni lineari in Geometria proiettiva è reso chiaro dagli invarianti, mentre risulta difficile da applicare alla Geometria differenziale delle superfici. È per tale motivo che i citati lavori di Klein e di Lie non ricevono molti consensi, nemmeno da parte di Clebsch. L'insuccesso li spinge ad approfondire sia lo studio delle trasformazioni geometriche sia i rapporti fra Geometria differenziale e Geometria proiettiva. Purtroppo l'esplodere del conflitto franco-prussiano costringe i due studiosi a lasciare Parigi e a separarsi. La vicenda è ricordata, assieme all'arresto di Lie, in una delle pagine più belle dell'autobiografia.

Klein non partecipa alla guerra, perché si ammala di tifo a Düsseldorf, dove Lie lo raggiunge per una breve visita.

Agli inizi del 1871 Klein ritorna a Gottinga, dove consegue l'abilitazione all'insegnamento universitario e dove, sempre in collaborazione con Lie, approfondisce il problema della struttura delle trasformazioni geometriche. I due matematici intravedono una certa analogia tra il proprio modo di trattare le trasformazioni geometriche e quello usato da Jordan per le sostituzioni algebriche, ma non riescono a unificare i due campi di ricerca perché la struttura delle trasformazioni geometriche è continua, mentre quella delle sostituzioni algebriche è discreta. È vero che la struttura delle sostituzioni – come dice Jordan – si fonda sul concetto di gruppo, ma Klein e Lie non riescono a vedere che anche la struttura a "sistema chiuso", sulla quale fondano le trasformazioni, può essere considerata come un gruppo[12]. Nonostante l'*impasse*, i due giovani amici comprendono di avere individuato un interessante filone di ricerca, che articoleranno in due distinti ambiti d'indagine. Lie, più abile nel calcolo, studierà i gruppi continui e le

---

[11] Cfr. F. Klein e S. Lie, "Deux notes sur une certaine famille de courbes et de surfaces", *Comptes Rendus de l'Académie des Sciences*, 70 (1870), presentate da M. Chasles rispettivamente il 6 e il 13 giugno 1870, rist. in [Klein 1921-23], 1, pp. 415-423.

[12] Cfr. F. Klein e S. Lie, "Über diejenigen ebenen Kurven, welche durch ein geschlossenes System von einfach unendlich vielen vertauschbaren linearen Transformationen in sich übergehen" [Su quelle curve piane che si trasformano in se stesse per mezzo di un sistema chiuso a un parametro di trasformazioni lineari], *Mathematische Annalen*, 4 (1871), rist. in [Klein 1921-23], pp. 424-459.

loro applicazioni all'Analisi, mentre Klein si indirizzerà sul problema dell'unificazione delle diverse Geometrie, che costituirà il tema centrale del famoso *Programma di Erlangen*.

Klein e le Geometrie non euclidee

Un breve soggiorno a Gottinga del già citato Stoltz facilita il progetto di Klein. Stoltz, infatti, comunica all'amico i risultati di von Staudt (1798-1867) e la conseguente possibilità di trattare la Geometria proiettiva indipendentemente da qualsiasi riferimento al concetto di distanza. La notizia genera in Klein la convinzione che Weierstrass non fosse completamente informato, quando pensava alla Geometria come alla scienza della misura, e gli dà slancio nel progetto di costruire le Geometrie non euclidee servendosi degli invarianti di Cayley.

A questo tema dedica sia una Nota, che Clebsch presenta alla *Reale Società delle Scienze di Gottinga*[13], sia un lavoro pubblicato in due parti sui *Mathematische Annalen*[14].

Premette che è suo proposito riconsiderare sia la geometria di Gauss (1777-1855), di Lobacevskij (1793-1856) e di Janos Bolyai (1802-1860) sia quella di Riemann, evitando di prendere le mosse dal problema delle parallele. Sua intenzione è, invece, dimostrare che la trattazione algebrica della Geometria proiettiva consente di affermare che le "cosiddette" Geometrie non euclidee altro non sono che casi particolari di Geometria proiettiva. Per superare le barriere che separano le Geometrie, è necessario affidarsi all'Algebra e mettere in parentesi l'uso dei modelli, che si rivelano imprecisi e insufficienti: possiamo infatti rappresentare piani non eucli-

---

[13] Cfr. F. Klein, "Über die sogenannte Nicht-Euklidische Geometrie" [Sulla cosiddetta geometria non euclidea], *Nachrichten von der Königlichen Gesellschaft der Wissenschaften zu Göttingen*, 17 (1871), rist. in [Klein 1921-23], 1, pp. 244-252 e ora nella trad. it. del "Programma di Erlangen" a cura di A. Bernardo (1998). L'importanza dello scritto sta nel fatto che Klein, ispirandosi ai lavori di Cayley, riesce a ottenere un modello di Geometria iperbolica nel piano o nello spazio euclideo. Limitandoci al piano, il modello di Klein del piano iperbolico utilizza (come già quello di Beltrami del 1868) le sole proprietà del piano euclideo sicché, se la Geometria euclidea non è contraddittoria, altrettanto lo sarà quella non euclidea. In altri termini, il quinto postulato non dipende dai primi quattro e può perciò essere negato.

[14] Cfr. F. Klein, "Über die sogenannte Nicht-Euklidische Geometrie" [Sulla cosiddetta geometria non euclidea], *Mathematische Annalen*, 4 (1871) e 6 (1873), rist. in [Klein 1921-23], 1, pp. 254-305 e pp. 311-343.

dei[15] per mezzo di modelli tridimensionali euclidei, mentre non possiamo in alcun modo realizzare modelli di spazi non euclidei.

Klein precisa che si servirà dell'idea di Cayley in maniera generalizzata, estendendo quindi il discorso dal piano allo spazio. Qui vuole definire la distanza fra due punti in termini puramente proiettivi e a questo proposito assume una superficie di secondo grado, come *superficie fondamentale*. Considerati due punti qualsiasi dello spazio, la retta che li unisce interseca la superficie fondamentale in altri due punti. Quattro punti formano un *birapporto*. Dato che questo è un invariante proiettivo, il suo logaritmo può essere usato per definire la distanza. In ragione di ciò, la superficie assoluta diventa la superficie dei punti all'infinito. Considerato poi che essa può essere scelta arbitrariamente, si ha che, se la superficie è reale, i due punti all'infinito sono reali e distinti mentre, se essa è *degenere,* i due punti all'infinito sono reali e coincidenti; infine, se la superficie è *immaginaria*, i due punti all'infinito sono immaginari. Dato che l'iperbole ha due punti reali all'infinito, la parabola ne ha uno e l'ellisse nessuno, Klein denota rispettivamente questi tre sistemi metrici come Geometrie iperbolica, parabolica ed ellittica. Nel primo caso abbiamo costruito la geometria di Gauss, Bolyai e Lobacevskij, nel secondo quella di Euclide e nel terzo quella di Riemann.

Sempre nello stesso anno, e sempre in vista del progetto di unificare i diversi modi di trattare la Geometria, Klein torna a occuparsi del problema che si era già posto a Parigi, dei rapporti fra Geometria proiettiva e Geometria differenziale.

Il primo intervento in questa direzione è il già citato articolo "Sulla Geometria delle rette e la Geometria metrica". Utilizzando un'idea di Lie, per cui le proprietà proiettive delle rette possono essere convertite in proprietà differenziali delle sfere, Klein perviene alla convinzione che, assumendo la sfera come elemento fondamentale dello spazio, le trasformazioni di Lie consentono di affermare che Geometria proiettiva e quella differenziale conseguono identici risultati.

L'aver compreso che siamo in presenza di uno stesso grado di generalità spinge Klein a intensificare il proprio lavoro di unificazione dei metodi geometrici, che non può ancora considerarsi terminato. A una revisione critica di questo tema è appunto dedicata la seconda parte del saggio *Über die sogenannte Nicht-Euklidische Geometrie*.

---

[15] Klein si riferisce al tentativo di Beltrami di fornire un modello del piano di Lobacevskij attraverso la pseudosfera e a quello di Riemann di offrire un'immagine intuitiva di un diverso tipo di piano non euclideo, facendo ricorso alla superficie di una sfera.

Klein ha finalmente compreso che Riemann non è soltanto il creatore di una nuova Geometria non euclidea, ma è soprattutto l'autore che ha realizzato con la Geometria differenziale ciò che egli stesso stava facendo con la geometria proiettiva: entrambi hanno dedotto le geometrie metriche da una geometria più generale. Il metodo rimane diverso: Riemann ha usato l'Analisi; Klein si è servito dell'Algebra. Lo scopo è però il medesimo: dimostrare che le tre geometrie metriche corrispondono a tre distinte "varietà", precisamente quelle a curvatura costante negativa, nulla o positiva. Siamo già, come si vede, nell'atmosfera del "Programma di Erlangen" ma ora, prima di affrontare l'argomento, ci sia consentita una breve digressione.

Le precedenti considerazioni sono narrate dallo stesso Klein nelle *Lezioni di storia sulla Matematica del XIX secolo* (ed. inglese, p. 140 e sgg.) con toni – come sottolinea [Rowe 1989b], pp. 188-189 – che denotano il suo costante atteggiamento positivistico e antimetafisico e, nel contempo, un forte approccio comunque di tipo psicologico alla problematica dei *fondamenti*. L'incidente al *Seminario Weierstrass* viene così rivissuto da Klein:

> riguardo al criticismo dei logici, che è molto lontano dai miei interessi, io sono sempre stato timido. Solo molto tempo dopo sono riuscito a capire che si tratta di differenze nelle indoli naturali e che la psicologia delle ricerca matematica nasconde grandi problemi. L'indole di Weierstrass fu ovviamente più in sintonia con le ricerche minuziose, a seguire una strada passo dopo passo fino alla fine. Non era nella sua natura scorgere con chiarezza i profili delle cime delle montagne distanti; almeno in questo caso egli non fece uso di una tale visione a distanza.

Le considerazioni qualitative di Klein abbisognano di un commento che deriviamo da [Yaglom 1988], pp. 25-27, che prende spunto proprio dalla citata "incompatibilità" delle posizioni di Weierstrass e Klein:

> è ora ben noto che il cervello umano non è simmetrico e che gli emisferi cerebrali destro e sinistro hanno funzioni specifiche. Il grande interesse focalizzato oggi su uno spettro di questioni legate a tale asimmetria si è riflesso, in particolare, nel Premio Nobel per la Biologia e la Medicina assegnato nel 1981 allo psicologo americano Roger Sperry per le ricerche nel settore. Nel caso standard di una persona che usa di preferenza la destra, l'emisfero destro fornisce la visione "pittorica", sintetica, del mondo (parlando, naturalmente, delle differenze fra gli emisferi in modo grossolano e incompleto). Nello stesso ordine di approssimazione, si può dire che l'emisfero sinistro, indubbiamente legato al linguaggio, alla scrit-

tura, al calcolo e in generale all'uso dell'insieme dei numeri naturali, controlla gli aspetti algebrici della Matematica (dal momento che le procedure algoritmiche riguardano formule algebriche lineari, esse appartengono certamente al dominio dell'emisfero sinistro), mentre l'emisfero destro è associato alla visione geometrica, ai grafici e alle figure. Possibilmente, tuttavia, può essere più corretto legare l'emisfero sinistro alla Logica e quello destro alla Fisica, tenendo in mente il caratteristico approccio globale alla natura e ai fenomeni delle scienze naturali della maggior parte dei fisici.

Le considerazioni precedenti possono servire a spiegare la singolare esistenza di due tipi di matematici, in qualche modo opposti: gli algebrici, che pensano fondamentalmente in modo logico, per formule e procedure algoritmiche, e i geometri o fisici che procedono principalmente da impressioni grafiche e visive piuttosto che da formule[16]. L'esistenza di questi due tipi diversi di approccio alla Matematica, come anche l'esistenza di ricercatori per i quali uno o l'altro è quello dominante, è stata sottolineata da una conferenza del grande matematico Hermann Weyl (1885-1955), in cui cita Klein e B. Riemann come esempi di "fisici" e Weierstrass come un "algebrico".

Se si tiene presente il fatto che la conferenza di Weyl, citata da Yaglom, è del 1931 e che, due anni dopo, questo tipo di considerazioni – intrinseche peraltro al dibattito scientifico – sarebbero diventate oggetto della campagna di nazificazione della Germania (nella quale verranno pure usate affermazioni di Klein che discuteremo più avanti), si comprende l'interesse dei materiali qui pubblicati anche da questo punto di vista.

Il programma di Erlangen: una storia nella storia

Verso la fine del 1871, Clebsch è convinto che Klein sia ormai maturo per essere nominato professore di Geometria. Ne propone la candidatura all'Università di Erlangen, dove la cattedra era vacante dal 1867, anno della scomparsa di von Staudt. Così nell'ottobre del 1872, a soli 23 anni, Klein riceve la nomina e, secondo la consuetudine, si prepara a tenere una prolusione inaugurale. Il 7 dicembre, Klein legge quello che è rimasto famoso

---

[16] Segnalo le lucide considerazioni sull'argomento e, in particolare, la confessione della "vacuità del mio emisfero destro" e dell'incapacità di orientarsi nello spazio, contenute nella bella autobiografia di Laurent Schwartz, *Un mathématicien aux prises avec le siècle*, Paris, Editions Odile Jacob, 1997.

come *Programma di Erlangen*, dove presenta una visione unitaria della Geometria molto più ampia e astratta di quelle dell'epoca (includendo anche le sue ricerche sulla Geometria non euclidea dell'anno precedente)[17]. Dal momento che viene spesso confuso con un altro discorso, indirizzato al corpo accademico e agli studenti, che Klein tenne nella stessa occasione [Rowe 1983], conviene cercare di fare chiarezza approfittando delle stesse dichiarazioni dell'autore.

Intanto l'ispirazione del *Programma di Erlangen* trae origine, come scrive [Klein 1921-23], 1, pp. 411-12, dalle già accennate riflessioni sulla Geometria non euclidea, terminate nel giugno 1872. Il *Programma* fu poi scritto per effetto di circostanze particolari. La prima va individuata negli stimoli ricevuti dalle numerose conversazioni con Sophus Lie, che era tornato a trovare Klein nei mesi di settembre e ottobre di quell'anno. Lie aveva appena sviluppato le nozioni fondamentali della sua teoria delle equazioni alle derivate parziali e, in particolare, la teoria delle trasformazioni per contatto[18]. La visita fu un periodo di entusiasmante scambio di reciproche scoperte, con Klein che rimase soprattutto impressionato dai numerosi spunti critici di Lie sulla classificazione gruppale delle Geometrie. La seconda circostanza è l'accennata chiamata alla cattedra all'Università di Erlangen dov'era consuetudine sottomettere alle autorità accademiche e ai colleghi, assieme ad un discorso di presentazione, anche un programma di ricerca. A questo punto conviene citare il passo ad esso relativo dell'autobiografia di Klein che separa nettamente i due momenti:

> a Erlangen ogni docente che entrava a far parte per la prima volta dell'Università e del Senato accademico doveva presentare una relazione scritta sui suoi programmi scientifici e doveva esporre, inoltre, in un discorso inaugurale pubblico, gli obiettivi della sua attività didattica; una regola poco gradevole per il novizio, ma che ha i suoi grandi vantaggi. Come relazione scientifica, già in ottobre avevo finito un lavoro nel quale avevo messo insieme i diversi filoni di ricerca allora esistenti in Geometria, facendone un sistema da cui emergeva una panoramica di numerosi e nuovi problemi che si prestavano ad ulteriori sviluppi. Questo "Programma d'Erlangen" è stato sempre il principale punto di

---

[17] Il "Programma di Erlangen" portava il titolo, *Vergleichende Betrachtungen über neuere geometrische Forschungen* ("Considerazioni comparative sulle recenti ricerche geometriche"), Erlangen, Deichert, 1872, rist. in [Klein 1921-23] 1, pp. 460-497. Non era un programma di future ricerche ma piuttosto un "Programma per l'ingresso alla Facoltà di Filosofia", come recita il sottotitolo. La storia della sua pubblicazione e della sua succcessiva influenza è discussa in [Hawkins 1984].
[18] Sull'argomento, cfr. la seconda delle *Conferenze* dedicate da Klein a Lie.

riferimento delle mie ricerche successive e il suo principio unificante è stato esteso a numerosi altri campi come la teoria delle funzioni, la Meccanica e la Fisica. Nel discorso inaugurale, a dicembre, presentai un programma dettagliato della didattica che mi proponevo di fare. Negli studi specialistici, non bisogna dimenticare l'unità di tutte le scienze e l'ideale di un'educazione globale. Educazione umanistica e matematico-scientifica sono legate tra loro e non devono porsi in contrapposizione. D'altro canto, oltre che alla Matematica pura, bisogna dedicarsi alla Matematica applicata per garantire i rapporti con le discipline affini come la Fisica e la tecnica. Inoltre nella Matematica, assieme alle capacità logiche, bisogna sviluppare, come fattore ugualmente importante, l'intuizione e soprattutto la fantasia matematica e la creatività che con essa si sviluppa. Infine, l'Università deve curare l'insegnamento nelle scuole propedeutiche e quindi dare una particolare importanza alla formazione degli aspiranti insegnanti; l'ordinamento delle Scuole superiori tecniche si può considerare per certi versi un modello. Da queste considerazioni derivano le seguenti esigenze pratiche: lezioni a livello elementare ripetute regolarmente e, accanto ad esse, lezioni speciali per piccoli gruppi di studenti interessati alla ricerca, entrambe integrate con esercitazioni e seminari. Corsi di Geometria descrittiva con enfasi sull'abilità nel disegno, creazione di una sala di lettura con annessa biblioteca aperta che consenta agli studenti lo studio della letteratura appropriata, mentre ricche collezioni di modelli dovrebbero favorire lo sviluppo dell'intuizione matematica. Queste considerazioni teoriche e questi suggerimenti pratici li avevo maturati attraverso molteplici osservazioni durante gli anni in cui avevo viaggiato. Essi sono rimasti i riferimenti essenziali anche per le mie attività successive; solo che la pratica mi ha indotto a ridurre un po' il livello delle prestazioni richieste agli studenti ed in seguito ho diviso le lezioni elementari in lezioni per principianti e lezioni regolari.

Ritorneremo in seguito sull'importanza della parte didattica del passo appena citato; qui ci preme concludere, in accordo con [Rowe 1983], p. 449, che il *Programma di Erlangen* non è altro che una parte – scritta già nell'ottobre precedente, al tempo della visita di Lie – del discorso inaugurale del 7 dicembre, la cui presentazione orale fu giustamente riservata ad argomenti più facilmente accessibili ad un pubblico non specialistico[19].

Cerchiamo adesso di capire quanto sia attendibile l'affermazione contenuta nel brano citato, secondo la quale il *Programma di Erlangen* aveva costituito "sempre il principale punto di riferimento delle mie ricerche suc-

---

[19] Il lettore interessato troverà il testo inglese dell'*Erlanger Antrittsrede* in [Rowe 1985].

cessive" e come e quando siano nati il suo eccezionale successo e la forte influenza sulla Matematica mondiale. Non ci occuperemo dunque di entrare nel merito delle argomentazioni di Klein – rinviando per questo alla recente edizione italiana a cura di Antonio Bernardo – ma ci soffermeremo sugli accennati problemi storiografici valendoci delle penetranti ricerche di [Hawkins 1984] e di [Rowe 1989a].

La tesi di Hawkins si può riassumere nei seguenti tre punti: 1) il *Programma di Erlangen* rimase largamente sconosciuto durante i vent'anni successivi alla sua pubblicazione e quindi la sua influenza fu praticamente nulla, prima di allora; 2) durante tale periodo, altri matematici (Poincaré, Killing e Study) avevano maturato idee simili con ricerche che si rivelarono decisive per gli sviluppi successivi; 3) è impossibile separare l'influenza del *Programma di Erlangen* da quella della scuola che Lie aveva fondato a Lipsia con forti legami, come si vedrà, con i matematici francesi. Detto altrimenti, Lie e la sua scuola avrebbero – almeno dal punto di vista matematico – dato un forte contributo nel favorire le idee e il modo di pensare *strutturalista*, così caratteristico della Matematica contemporanea.

Bisogna anzitutto sottolineare che lo stile di presentazione del *Programma* era una sorta di via intermedia tra un articolo divulgativo ed uno di ricerca. Scritto in termini molto generali, conteneva pochi dettagli ma offriva brillanti punti di vista sulla natura della Geometria, accompagnati da un ampio panorama delle ricerche più recenti. Non si trattava del genere di scritto destinato ad una rivista, soprattutto se si hanno 23 anni e si è all'inizio della carriera. Così Klein diffuse il suo *Programma*, pubblicato a livello locale, solo fra i membri dell'Università di Erlangen e fra gli amici più intimi (come Lie e Noether), attendendo con ansia la reazione di Clebsch. Ma la morte del maestro avvenne poche settimane dopo e rese ancora meno favorevoli le circostanze per una sua diffusione più larga.

Come s'è detto, scopo essenziale del *Programma di Erlangen* è l'individuazione di un principio atto a unificare le diverse ricerche geometriche. Tale principio deve trovarsi nella concezione della Geometria come studio delle proprietà che restano invariate sotto l'effetto di un gruppo di trasformazioni, come Klein esemplifica con l'aiuto della Geometria proiettiva, della Geometria delle rette di Plücker e della Geometria delle sfere di Lie. Il problema della fondazione di una nuova Geometria può allora concepirsi nel contesto del seguente problema generale: *data una varietà e un gruppo di trasformazioni che agisce su essa, si studino le proprietà delle configurazioni che restano invariate rispetto alle trasformazioni del gruppo*. È nel contesto di tale visione generale che Klein, nell'ultima parte del suo discorso, ricorda la possibilità di costruire gruppi di trasformazioni più estesi di quello proiettivo. Si può infatti gradualmente passare dal gruppo delle trasformazioni razionali, che fonda le ricerche di Geometria algebrica, a quello più esteso delle "deformazioni infinitesime" che sono alla base dell'*Analysis situs*. In ordine crescente, segue poi il gruppo delle trasformazioni per punti, che trova maggiori applicazioni in Analisi, dato che le forme alle quali si applica sono di tipo analitico: per esempio, le equazioni alle derivate parziali (si spiega così perché Klein accenni ai metodi introdotti da Lie delle "trasformazioni per contatto" per lo studio delle equazioni differenziali alle derivate parziali). Klein conclude ribadendo la necessità di una teoria analoga alla teoria dei gruppi finiti del *Traité des substitutions* di Jordan. Un piccolo contributo a tale teoria è stato portato da lui e Lie in un lavoro comune sulle curve *W*. Come opportunamente sottolinea ([Hawkins 1984], p. 444), malgrado Klein abbia notato all'inizio del *Programma* che i gruppi di trasformazioni in discorso non debbano ncessariamente essere continui, tuttavia gli esempi portati nel testo sono di fatto di quel tipo.

Come si è già detto, il *Programma* ebbe una circolazione limitata e non fu generalmente noto fino alle traduzioni dei primi anni '90. Klein stesso, malgrado l'affermazione contraria contenuta nella sua autobiografia, non ne sviluppò le linee essenziali in un vero programma di ricerche né incoraggiò gli allievi a farlo. L'improvvisa morte di Clebsch, nel novembre 1872, lo costringe a continuarne l'opera facendosi carico di seguire l'attività degli allievi di Clebsch che si trasferiscono ad Erlangen; molti di loro sono addirittura più anziani di lui e Klein non se la sente di cambiare la loro linea di ricerca. Inoltre, gli interessi di Clebsch nella teoria delle funzioni lo inducono allo studio delle opere di Riemann portandolo alla scoperta del "punto di vista geometrico-fisico" che Clebsch aveva sottovalutato. È per effetto di tali letture che Klein sviluppa la sua "teoria geometrica delle funzioni" e ne fa oggetto della conferenza inaugurale della cattedra di Geometria a Lipsia nel 1880. A Lipsia (1880-86) la Geometria, nel senso del *Programma di Erlangen*, non fu oggetto di studio.

Il senso della frase dell'autobiografia, secondo la quale il *Programma di Erlangen* fu il principio ispiratore delle successive ricerche di Klein, va allora ricercato nella convinzione che il concetto di gruppo portava unità, ordine e prospettive nuove in diverse aree della Matematica. Tale convinzione fu realmente una costante fonte di ispirazione nelle successive ricerche sulla teoria delle equazioni e delle funzioni di variabile complessa e, in generale, nel lavoro che coinvolgeva la considerazione di gruppi (quelli finiti dei solidi regolari o quelli discontinui presenti nella teoria delle funzioni automorfe). Così scrive [Hawkins 1984], p. 44:

> questo lavoro non fu specificamente un'elaborazione dei contenuti espliciti del *Programma di Erlangen*. Come spiegò Klein stesso nel 1893, il *Programma di Erlangen* riguardava l'applicazione del concetto di gruppo alla Geometria nel senso tradizionale del termine. Dal 1893, Klein si compiaceva di descrivere retrospettivamente le sue ricerche sulla teoria delle equazioni e delle funzioni di variabile complessa come parti della "Geometria superiore", dal momento che prendevano in considerazione i "gruppi geometrici", cioè gruppi di trasformazioni che agiscono su qualche varietà "continua".

Il libero uso del termine *Geometria*, conclude Hawkins, riflette il rifiuto di Klein delle tendenze parcellizzanti delle ricerche specialistiche. La visione del *Programma di Erlangen* era perciò implicita nella più larga concezione della nozione di *gruppo*, come principio unificatore della Matematica in generale. Ma tale visione non era esplicita nel *Programma* né apparteneva al solo Klein, ma anche a Lie e Poincaré (1854-1912). Tutti e tre erano rimasti impressionati dal *Traité* di Jordan, dove i gruppi erano applicati alla Geometria e alla teoria delle equazioni.

Un secondo motivo che può servire a spiegare perché, nel ventennio successivo alla sua pubblicazione, Klein non abbia sviluppato le idee del *Programma* va cercato nel fatto che un tale sviluppo aveva bisogno di una teoria dei gruppi continui di trasformazioni (gli unici di cui si parla nel *Programma*). E Klein non sembra abbia voluto assumersi questo impegno, sicché non fece sforzo alcuno a sviluppare o promuovere le idee del *Programma di Erlangen* fino a quando Lie non cominciò a pubblicare, a partire dal 1888, una sistematica esposizione proprio della sua teoria dei gruppi continui di trasformazione. Del resto è lo stesso Klein a riconoscerlo, nella premessa alla traduzione inglese del *Programma* nel 1893.

Lie aveva lavorato in relativo isolamento nella natìa Norvegia fino al 1886, quando accettò la chiamata alla cattedra di Lipsia che Klein lasciava per trasferirsi a Gottinga. Come sottolinea [Hawkins 1984], p. 446, Lie si trasferì per costruirvi espressamente una scuola dedicata allo sviluppo della teoria dei gruppi di trasformazione, attenendosi alle linee della sistematizzazione operata da Jordan della teoria dei gruppi finiti di permutazioni. Lie rimase a Lipsia poco più di una diecina di anni, fino al 1898, quando la sua cattiva salute lo costrinse a rientrare in Norvegia, dove morirà l'anno successivo a 57 anni. Ciò nonostante era riuscito a raggiungere il suo obiettivo: tre liberi docenti, Friedrich Engel (1861-1941), Friedrich Schur (1856-1932) e Eduard Study (1862-1930) si erano dedicati alle sue ricerche. Engel, in particolare, dedicò l'intera sua vita allo sviluppo e alla esposizione delle idee di Lie e collaborò alla stesura dei tre notissimi volumi sulla *Theorie der Transformationsgruppen* (1888-1893). Ai tre precedenti nomi va aggiunto quello di Wilhelm Killing (1847-1923)[20], che aveva legato la teoria di Lie alle sue ricerche sui fondamenti della Matematica. Sebbene si sia recato solo una volta a Lipsia e non sia riuscito a stabilire con Lie rapporti particolarmente cordiali, Killing si mantenne tuttavia in contatto con Lie attraverso una fitta corrispondenza con Engel. I casi di Study e di Killing sono quelli più interessanti, ai fini della storia che stiamo raccontando.

Durante gli ultimi anni dell'Ottocento e i primi del Novecento, Study fu il principale esponente degli studi geometrici nel senso del *Programma di*

---

[20] Fu docente di Matematica al "Liceo Hosianum" di Braniewo (prima Braunsberg) fino al 1882 e, dopo tale anno, all'Università di Münster.

Erlangen, ma la sua fonte d'ispirazione non fu Klein. All'epoca della sua conoscenza di Lie, egli aveva già formulato un programma generale di ricerca influenzato dal *Calcolo lineare dell'estensione* (1844) di Hermann Günther Grassmann (1809-1877). All'epoca del dottorato a Monaco (1884) era però orientato a pensare che una base per gli studi geometrici andava individuata piuttosto nella teoria degli invarianti, come elaborata da Cayley e Gordan. Nel 1885, Study completò la *Habilitationsschrift* sotto la supervisione di Klein a Lipsia, ma né Klein né altri matematici esercitarono una significativa influenza su di lui e sul suo programma di ricerca; il caso di Klein è veramente sorprendente alla luce delle osservazioni finali del *Programma di Erlangen*, dove si sostiene che il concetto di invariante è lo strumento formale per esprimere le proprietà geometriche. Quando nel 1892 Klein contestò a Study di essersi appropriato di idee presenti nel *Programma di Erlangen*, Study replicò che, quando erano a Lipsia nel 1885 e gli aveva esposto alcune idee del suo progetto, Klein non aveva mai fatto riferimento al *Programma* e lo aveva anzi scoraggiato a svilupparle, trattandolo come uno qualsiasi dei suoi studenti ([Hawkins 1984], p. 450).

Il primo contatto di Study con le idee di Lie avvenne, probabilmente all'epoca dell'incidente con Klein, attraverso Engel, che nel luglio 1885 rientrava a Lipsia dopo aver trascorso dieci mesi in Norvegia per preparare con Lie la sua *Habilitationsschrift*. Così all'arrivo a Lipsia di Lie, nell'aprile del 1866, Study era già al corrente delle linee principali delle sue idee e avviò un rapporto molto stretto, tanto che Lie lo stimolò a sviluppare il suo programma in direzione dei legami della teoria degli invarianti con la sua teoria dei gruppi. Fu anche per tale ragione che Study passò il mese di gennaio 1887 a Gottinga, per studiare con Gordan la teoria degli invarianti, facendo nel contempo attiva propaganda sull'importanza della teoria di Lie.

Diverso, come si è già anticipato, è il caso di Killing che, motivato dagli stessi elementi che avevano ispirato il *Programma di Erlangen* (le Geometrie non euclidee e gli studi fondazionali di Helmholtz e Riemann) e guidato dal rigore della scuola di Weierstrass (del quale era stato allievo nel periodo 1873-1882), aveva articolato un approccio gruppale alla Geometria che aveva molti tratti in comune con il *Programma di Erlangen* (che non conosceva). Naturalmente – sottolinea [Hawkins 1984], p. 449 – c'erano significative differenze fra il *Programma di Erlangen* e il *Braunsberger Programm* di Killing del 1884: mentre il primo classificava le Geometrie note, il secondo sottolineava la necessità di una sistematica ed esaustiva classificazione di tutte le possibili "forme spaziali", con un livello di astrazione inaccettabile per Klein, come risulta evidente dalle sue critiche al lavoro geometrico che trascende i limiti dell'intuizione e dell'esperienza. Fu attraverso il contatto con Lie – mediato da Engel – che Killing fu incoraggiato a proseguire le sue ricerche, concentrandole sull'importante argomento della classificazione delle strutture semplici. Questi lavori di Killing (del biennio 1888-1890), poi perfezionati da Élie Cartan (1869-

1951) nella sua tesi di dottotorato del 1894, aggiunsero una inattesa e profonda dimensione alla teoria della struttura dei gruppi di trasformazione, che aprì la via a significative applicazioni geometriche fatte da Cartan stesso.

Ai nomi fin qui citati, vanno aggiunti quelli dei dottorandi di ricerca che Lie attirò a Lipsia e in particolare di George Wilhelm Scheffers (1866-1945) e Gerhard Kowalewski (1876-1950), descritto da Lie come uno dei suoi migliori "studenti tedeschi". La specificazione nazionale si rendeva necessaria a causa della presenza di un discreto numero di dottorandi provenienti dall'*École Normale Supérieure* di Parigi, su precisa indicazione di Darboux, Picard e Poincaré che pensavano di applicare la teoria di Lie alle equazioni differenziali.

Questo particolare legame con gli ambienti matematici parigini – il lettore ricorderà il viaggio che Klein e Lie avevano compiuto, poco più che ventenni, a Parigi e il loro incontro con Darboux – merita di essere approfondito. Influenzato come Klein dal lavoro di Jordan e dalla Geometria non euclidea, ma all'oscuro del *Programma di Erlangen*, Henri Poincaré era tuttavia ugualmente pervenuto alla conclusione che la Geometria "è lo studio del gruppo di operazioni formato dagli spostamenti cui possiamo sottoporre una figura senza deformarla". Sono parole del 1880 – l'anno successivo al dottorato di ricerca – scritte nel *Saggio* contenente i primi studi sulle funzioni fuchsiane. Così, quando nel 1882 Lie era ritornato a Parigi, aveva incontrato un Poincaré già convinto dell'importanza delle idee gruppali e pronto, assieme a Emile Picard (1856-1941), a cogliere l'importanza delle idee di Lie. Tra il 1883 e il 1892, i due matematici francesi scrissero numerosi articoli riguardanti l'applicazione della teoria di Lie in diverse aree (dalla teoria delle funzioni di variabile complessa alla Geometria algebrica, dalle equazioni differenziali ai fondamenti della Matematica) e Poincaré, in particolare, non perse mai occasione in quegli anni di divulgare l'idea della Geometria come studio di gruppi.

Lie a sua volta rafforzò i legami con i matematici francesi con un successivo viaggio a Parigi nel 1887, proprio l'anno successivo alla sua chiamata a Lipsia. Fu immediatamente dopo questa visita che Picard, Darboux e Jules Tannery (1848-1910), allora Direttore scientifico dell'*École Normale*, presero la decisione di inviare da Lie i giovani normalisti, convinti com'erano – come Picard gli scrisse nel 1888 – che il matematico norvegese aveva "creato una teoria di fondamentale importanza, che sarà annoverata come una delle opere matematiche più notevoli della seconda metà di questo secolo". E qualche anno dopo, nel 1893: "ecco Parigi diventata un centro di gruppi: tutto ciò fermenta in questi giovani cervelli e si avrà un vino eccellente appena i vapori saranno un po' riposati".

In questo rapido esame del ventennio successivo all'uscita del *Programma di Erlangen*, almeno un cenno va fatto all'ambiente matematico del nostro Paese, cui spetta il merito della prima traduzione e circolazione (nel 1890). Uno dei pochi matematici che conoscevano Klein è infatti Corrado Segre (1863-1924), che si era laureato a Torino a soli vent'anni e che entra subito in contatto con Klein perché, per sua stessa ammissione, già dal 1885 aveva assimilato il contenuto del *Programma*. Il tramite è forse il suo relatore della tesi, Enrico D'Ovidio (1843-1933), ma più probabilmente Giuseppe Veronese (1854-1917), che si era perfezionato a Lipsia nel 1881 con Klein e nel 1882 aveva pubblicato sui *Mathematische Annalen* "una fondamentale Memoria di geometria sugli iperspazi"[21]. L'impatto è evidenziato dall'ampliamento del suo orizzonte "sotto l'influsso da un lato della nuova impostazione della scuola tedesca di A. Brill e M. Noether e dall'altro delle idee esposte da Klein nel suo celebre *Programma di Erlangen* (...). Si assiste al progressivo distacco da una ristretta visione proiettiva per giungere allo studio delle proprietà invarianti per trasformazioni birazionali."[22] Nel 1888, quando Segre – a soli 25 anni – è già professore ordinario di Geometria a Torino, esce il primo volume della teoria di Lie sui gruppi di trasformazioni e Segre decide che i suoi allievi debbono prendere conoscenza del *Programma*. Ne affida la traduzione a Gino Fano (1872-1952), che considera il lavoro di traduzione "di piccola mole", "ma di importanza filosofica perché inteso a coordinare da un unico punto di vista le varie branche della Geometria". Colta la visione unitaria che sta alla base del *Programma*, nel decennio successivo sia Fano che Federigo Enriques (1871-1946) pubblicano diversi articoli relativi all'applicazione della teoria dei gruppi alla Geometria delle superfici algebriche. Così – scrive [Hawkins 1984], p. 453 – anche Fano ed Enriques dedicano larga parte delle loro ricerche geometriche gruppali ad un problema che era tangenziale rispetto alla linea del *Programma* e che apparteneva più al progetto di Lie che a quello di Klein.

Insomma, tra il 1872 e il 1890, mentre il *Programma di Erlangen* rimane relativamente sconosciuto e Lie sviluppa la monumentale teoria dei gruppi continui, l'idea di considerare la Geometria in termini gruppali è sviluppata indipendentemente da Killing, Poincaré e Study, tutti in un modo o nell'altro influenzati da Lie. È forse per questi sviluppi che Klein pensò che era maturo il tempo di dare una più ampia diffusione al suo *Programma*, come dirà lui stesso nell'introduzione all'edizione inglese:

> il Programma del 1872, apparso in pubblicazione separata, (...) ebbe dapprima una circolazione limitata. Ne dovrei essere più contento perché

---

[21] Cfr. L. Giacardi: Corrado Segre, in C.S. Roero (a cura di), *La Facoltà di Scienze Matematiche Fisiche Naturali di Torino 1848-1998*, Torino, 1999, 2 voll., II, pp. 527-535 (527). Su Veronese si veda, in particolare, A. Brigaglia, "Giuseppe Veronese e la geometria iperspaziale in Italia", in *Le Scienze matematiche nel Veneto nell'Ottocento*, Venezia, 1994, pp. 231-261.
[22] Ibidem, p. 529.

alle idee che sviluppavo nel Programma difficilmente si sarebbe allora prestata molta attenzione. Ma ora che lo sviluppo generale della Matematica ha preso nel frattempo la direzione che corrisponde eattamente a quelle idee, e particolarmente dal momento che Lie ha iniziato a pubblicare in forma estesa la sua *Theorie der Transformationgruppen* (...), è sembrato appropriato dare una più larga circolazione all'esposizione del mio Programma.

Credo che quanto precede basti per mostrare il contesto in cui inserire la fecondità e l'influenza delle idee contenute nel *Programma di Erlangen*. È giunto ormai il momento di passare in rapida rassegna i restanti punti del nostro schema della biografia di Klein, cercando di rendere conto di quella qualifica – di lì a poco, veramente infelice – di *wissenschaftlicher Führer* attribuitagli nel 1925 da Richard Courant nel corso dell'elogio funebre. Tale qualifica, come vedremo, è però giustificata dal fatto che egli riuscì a fare di Gottinga, per più di mezzo secolo, la "capitale matematica" della Germania in ciò favorito dal fortunato incontro con Friedrich Althoff (1839-1908), divenuto poi direttore generale del Ministero prussiano dell'istruzione.

Il periodo della formazione della "scuola" e della politica della ricerca e dell'insegnamento

Abbiamo accennato al fatto che, al momento dell'improvvisa morte di Clebsch, un certo numero di suoi allievi passarono da Gottinga a Erlangen, dove però Klein non riuscì a sviluppare una sua scuola (anche per il basso numero di giovani che frequentavano i suoi corsi). Il suo allievo più importante durante questo periodo fu Ferdinand Lindemann (1852-1939), il ben noto dimostratore della trascendenza di π (si veda la *Conferenza VII*). Sotto la supervisione di Klein, Lindemann curò l'edizione dei lavori di Clebsch e scrisse una Memoria in cui applicava alcune nozioni (ricavate dai lavori di Klein sulla Geometria delle rette e su quelle non euclidee) per una trattazione elegante dei moti infinitesimi nella meccanica dei corpi rigidi.

Il relativo isolamento di Klein cambiò rapidamente all'epoca del suo trasferimento alla *Technische Hochschule* (scuola superiore tecnica, l'equivalente della parigina *École Polytechnique*) di Monaco a Pasqua del 1875: qui, gli studenti che frequentarono il primo semestre del suo corso di Geometria analitica furono circa duecento. Durante i cinque anni trascorsi a Monaco, i suoi seminari e i suoi corsi superiori furono frequentati da giovani di valore: Adolf Hurwitz (1859-1919), Walther von Dyck (1856-1934), Karl Rohn (1855-1920), Carl Runge (1856-1927), Max Planck (1885-1947), Luigi Bianchi (1856-1928) e Gregorio Ricci-Curbastro (1853-

1925). A Monaco, con l'aiuto di Alexander von Brill (1842-1935), Klein fonda un laboratorio per la costruzione di modelli matematici, che furono in seguito commercializzati da una ditta di Darmstadt appartenente a Ludwig Brill, fratello di Alexander. I modelli, opportunamente richiamati nelle *Conferenze IV e V*, costituiscono una preziosa testimonianza di un periodo in cui giocano il ruolo di espressione visiva (e perciò intuitiva) della Matematica e testimoniano il crescente interesse di Klein verso gli aspetti pedagogici della disciplina, enunciati nell'*Antrittsrede* del 1872. Dagli anni '90, i modelli di Brill circolano in tutte le istituzioni universitarie europee e americane. Sempre a Monaco, Klein cominciò a interessarsi seriamente alla tecnologia, costituendo con Carl Linde (docente di Teoria delle macchine) un piccolo gruppo impegnato a discutere i problemi a cavallo tra scienza e tecnologia. Quando si impegnerà nella diffusione dei Politecnici in Germania, Klein farà costruire il laboratorio di tecnologia meccanica a Gottinga sul modello di quello di Linde, uno dei più avanzati dell'epoca.

Nel 1880 Klein si trasferisce a Lipsia, sulla nuova cattedra di Geometria. Su sua richiesta, il governo della Sassonia fece rinnovare una grande aula perfettamente attrezzata per l'insegnamento della Matematica, affiancandola con una biblioteca specialistica e una collezione di modelli, istituendo il *Seminario matematico* e creando il primo posto di assistente di Matematica in Germania.

Come opportunamente nota [Rowe 1989b], sebbene non ci sia un criterio certo per misurare l'influenza di un docente, nel caso di Klein si può dare una evidenza statistica all'importanza della sua presenza a Lipsia. Scegliendo infatti quale indicatore il numero degli studenti di dottorato, si può osservare che negli anni '70 tale numero è limitato a meno di una diecina (erano una trentina a Berlino e circa 60 a Gottinga), mentre durante i sei anni di permanenza di Klein a Lipsia lo stesso numero risulta triplicato (Klein seguì personalmente, come in parte abbiamo già visto, le tesi di dottorato di Schur, Rohn, Study ed Engel). La decisione di farsi sostituire da Lie, all'epoca del trasferimento a Gottinga, dimostra la sua volontà di fare di Lipsia uno dei poli matematici tedeschi alternativi a Berlino (favorito anche dalla direzione dei *Mathematische Annalen*, dopo la morte di Clebsch). Una delle chiavi di questo successo va ricercata nella sua abilità nel favorire l'attività di quei matematici, come nel caso di Georg Cantor (1845-1918) e David Hilbert (1862-1943), lontani dall'influenza della tradizione di Berlino. [Rowe 1989b], ricorda che, quando nel 1883 Lindemann fu chiamato come professore ordinario all'Università di Königsberg, Klein si congratulò con lui scrivendogli: "il suo riconoscimento (...) è un vantaggio per tutti noi, come una vittoria dei nostri princìpi. Ricordo che proprio dieci anni fa un personaggio autorevole sosteneva che non avrebbe mai gradito avere un 'clebschiano' su una cattdera prussiana". Per parecchi anni dopo la morte di Clebsch, infatti, i suoi allievi si sentirono ostacolati dalla comunità matematica tedesca e gli *Annalen* furono costretti a contare quasi esclusivamente sui contributi della scuola di Clebsch e di una manciata di altri matematici che avevano difficoltà a pubblicare sul berlinese *Giornale di Crelle*. Presto le parti si sarebbero invertite e gli *Annalen* sarebbero diventati una delle principali riviste matematiche del mondo.

I successi editoriali e il lavoro organizzativo a Lipsia, che sembrava il posto ideale per il tipo di scuola che Klein immaginava (che avrebbe dovuto attingere pesantemente alla ricchezza dell'approccio geometrico riemanniano alla teoria delle funzioni), furono però ostacolati da eventi imprevisti e dalla sua delicata costituzione nervosa. Il principale degli eventi imprevisti ([Rowe 1989b], p. 194) è legato all'ascesa scientifica del giovane Poincaré e ai suoi lavori sulle funzioni automorfe, che costringono Klein ad un oneroso impegno aggiuntivo per dimostrare "il grande teorema di uniformizzazione" in "friendly rivalry" con il matematico francese. Il relativo successo nella formulazione del teorema e nella individuazione della strategia per la sua dimostrazione non furono sufficienti a impedire che la salute di Klein venisse seriamente compromessa, cadendo in una profonda depressione che si protrasse per tutto il biennio 1883-84. Il passo relativo dell'autobiografia merita di essere qui ricordato.

Dall'autunno del 1882 in poi dovetti prendere ripetutamente dei congedi e per la prima volta rinunciai completamente alla ricerca. Per fare un lavoro più leggero iniziai allora la rielaborazione della teoria dell'icosaedro in forma di libro, in cui ho completato sistematicamente i miei lavori sulle funzioni modulari ellittiche. L'esposizione della teoria completa, come l'avevo prevista, fu portata a termine più tardi attraverso un lavoro pluriennale da R. Fricke[23] ed è contenuta nelle due opere sulle funzioni ellittiche e le funzioni modulari, la cui ultima edizione è apparsa nel 1912. Iniziai così uno stile di lavoro scientifico cui mi sarei attenuto in seguito: mi limitavo alle idee e alle direttive generali, lasciando l'esecuzione e il completamento dei progetti ai collaboratori più giovani. I sintomi della malattia, che in un primo tempo non volevano cessare, cominciarono stranamente a scomparire quando ricevetti nel 1884 una chiamata da Baltimora come successore di Sylvester; anche se dopo lunghe trattative decisi di non accettare, le vaste prospettive aperte e lo stimolo all'attività

---

[23] Robert Fricke (1861-1930).

della fantasia ad essa connesso furono sufficienti a risvegliare in me il piacere della creatività e la fiducia nel futuro. L'attività a Lipsia riprese nuovamente slancio. Per non sottopormi ad un eccessivo affaticamento, affidai lo svolgimento delle lezioni di Geometria ai colleghi più giovani e mi dedicai esclusivamente alla formazione dei miei dottorandi.

È questo il nuovo ruolo che ormai Klein si è ritagliato e che emergerà con maggiore evidenza a Gottinga, dove si trasferisce nel 1886, lasciando il posto di Lipsia a Sophus Lie. Fare di Gottinga un centro matematico di altissimo livello è il nuovo obiettivo e per esso Klein trova l'appoggio di Hermann Amandus Schwarz (1843-1921). Alcuni dati numerici, insieme all'efficace descrizione della lettera di Struik riportata all'inizio, danno meglio di qualsiasi discorso l'immagine di Gottinga sotto l'*impero* di Klein: tra i matematici arrivano via via Hilbert, Hermann Minkowski (1864-1909), Carl Runge (1856-1927), Edmund Landau (1877-1938) e Karl Schwarzschild (1873-1916); tra i fisici: Ludwig Prandtl (1875-1953), Peter Debye (1884-1966) ed Emil Wiechert (1861-1928). Più affollata ancora la lista dei liberi docenti, un vero e proprio "*Chi è*" della scienza tedesca tra il 1890 e la prima guerra mondiale: Hermann Weyl, Arnold Sommerfeld, Constantin Carathéodory, Gustav Herglotz, Eric Hecke, Max Born, Richard Courant, Theodor von Kármán, Otto Blumenthal, Ernst Zermelo, Paul Koebe, Robert Fricke e Otto Toeplitz. Nel giro di pochi anni dall'arrivo di Klein, come si vede benissimo dalle *Conferenze* qui pubblicate (in particolare l'ultima), Gottinga divenne anche il centro di formazione dei giovani matematici americani che trovano in Klein un maestro tra i più efficaci.

È in questo contesto che va inquadrata l'imponente attività trattatistica avviata già a Lipsia e proseguita poi a Gottinga con la collaborazione di Robert Fricke[24], presto divenuto il suo vero e proprio braccio destro. L'influenza di Klein sui contemporanei non fu dovuta solo ai risultati scientifici ma anche (se non soprattutto) ai suoi trattati generali, in cui si trovano sistematicamente esposti gli argomenti significativi svolti nei corsi universitari di livello superiore. E ancora non possiamo dimenticare la preziosa opera svolta nella diffusione dalla cultura matematica, a cominciare dalla progettazione e dall'attiva partecipazione alla realizzazione della grandiosa *Enciclopedia delle scienze matematiche e le loro applicazioni* per finire ai volumi delle *Matematiche elementari da un punto di vista superiore*. Né

---

[24] L'equivalente italiano è il caso di Ugo Amaldi (1875-1957), che collaborò magistralmente alla stesura dei trattati di Federigo Enriques e Tullio Levi-Civita.

ancora può omettersi la segnalazione dei due volumi delle *Lezioni sulla storia della Matematica nel XIX secolo*, pubblicati postumi nel 1926-27, il primo da Courant e Otto Neugebauer (1899-1990), il secondo da Courant e Stefan Cohn-Vossen (1902-1936). Si tratta di un testo vivido e leggibile, scritto da uno dei più grandi divulgatori della Matematica, che contiene abbozzi di idee che sono stati modelli nel loro genere e risultano molto utili ancora oggi. L'interesse dell'opera non dipende solo dalle numerose notizie, a volte molto dettagliate, sullo sviluppo della Matematica ma anche dal significato che a tale sviluppo Klein attribuisce soprattutto in rapporto con le applicazioni. La sua tesi è che la Matematica vi è strettamente connessa, in quanto non è un insieme di costruzioni artificiali arbitrariamente create ma scaturisce dall'esigenza di comprendere il significato profondo dei problemi, giungendo a scoprirne una soluzione "intuitiva". Sarebbe proprio l'approfondimento di tale significato a farci scoprire i nessi fra le varie teorie, anche fra quelle in apparenza assai lontane l'una dall'altra[25]. Si tratta, come si vede, dei due temi che Klein tratta, esplicitandoli finanche nel titolo, nella sesta delle *Conferenze americane*. Abbiamo già anticipato, giovandoci delle osservazioni di Yaglom, del distacco di Klein dalla crescente tendenza della Matematica verso l'astrazione spinta. Qui lo riprendiamo per alcune considerazioni conclusive.

Nel 1889 Klein, tre anni dopo il suo arrivo a Gottinga, decide di tenere un corso di lezioni sulle Geometrie non euclidee. La scelta dell'argomento coincideva con una generale ripresa di interesse per le questioni dei fondamenti della Geometria ([Bottazzini 1994], p. 243). Il corso fornì poi a Klein l'occasione per pubblicare[26] un articolo di sintesi sulle idee che egli era venuto maturando sull'argomento.

Qui interessa principalmente riprendere l'ultima parte di questo articolo, in cui Klein affronta questioni di carattere più generale. In particolare, spiega il significato essenziale di quella concezione della Geometria non euclidea che comincia con la Geometria proiettiva e prende posizione esplicita sulla questione degli assiomi. "In che senso – si chiede Klein – risulta psicologicamente corretto trattare la geometria proiettiva prima della geometria metrica e addirittura considerare la prima come fondamento della seconda?"[27]. Per rispondere, Klein comincia con il distinguere le proprietà

---

[25] È veramente un peccato che la cultura dei nostri insegnanti non possa giovarsi della conoscenza di questo classico della letteratura matematica.
[26] F. Klein, "Zur Nicht-Euklidischen Geometrie", *Mathematische Annalen*, 37 (1890), rist. in [Klein 1921-23], 1, pp. 353-383.
[27] Ibidem, p. 380, citato e tradotto in [Bottazzini 1994], p. 250.

"meccaniche" dello spazio da quelle "ottiche"[28], una dicotomia che sta alla base della nostra percezione dello spazio e che si traduce nella contraddizione tra Geometria proiettiva e metrica. Entrambe le proprietà, "meccaniche" e "ottiche", concorrono alla formazione della nostra esperienza sensibile; tuttavia, nella "costruzione metodica della scienza dello spazio", si tratta di decidere quali si debbano considerare in primo luogo. Secondo Helmholtz, occorreva prendere le mosse dalle proprietà "meccaniche" che trovano la loro espressione matematica nella libera mobilità dei corpi; Klein obietta invece che i suoi lavori mostrano che si possono considerare prioritariamente le proprietà "ottiche", il che equivale a prendere come fondamento l'intuizione proiettiva.

Per la scelta degli assiomi, Klein respinge l'opinione diffusa per cui gli assiomi della Geometria formulerebbero i "fatti" dell'intuizione spaziale in maniera così completa che, nel corso dei nostri ragionamenti geometrici, non risulterebbe più necessario ricorrere all'intuizione in quanto tale. Klein confessa addirittura che per lui è impossibile condurre un ragionamento geometrico in termini puramente logici, "senza avere continuamente davanti agli occhi la figura alla quale ci si riferisce" ([Bottazzini 1994], p. 251).

Qualche anno dopo, rispondendo alla richiesta di Mario Pieri (1884-1913) di pubblicare un proprio articolo sui *Mathematische Annalen*, Klein riconfermerà il ruolo da lui attribuito all'intuizione nel ragionamento matematico. Nella lettera (del marzo 1897) a Pieri[29], allievo di Giuseppe Peano (1858-1932) e di Corrado Segre, Klein (pur riconoscendo il valore scientifico dei metodi usati) esprime disagio e evidenti riserve su un linguaggio eccessivamente formalizzato, anche sulla base di elementari considerazioni di pedagogia matematica.

> Non è possibile esprimere il corso dei Suoi pensieri in un linguaggio semplice senza i simboli di Peano? La mia generale esperienza indica che in Germania lavori scritti in questo linguaggio simbolico non trovano praticamente lettori, anzi vanno *a priori* incontro a un rifiuto. Non intendo mettere in discussione il principio di questo linguaggio simbolico, anzi credo che possa effettivamente essere utile nelle ricerche pura-

---

[28] Per chiarire il senso di tale distinzione, è utile tenere presente che uno degli intenti del *Programma di Erlangen* era quello di mostrare come la Geometria euclidea e quelle non euclidee potessero considerarsi come casi particolari della Geometria proiettiva.
[29] Cfr. G. Arrighi (a cura di), Lettere a Mario Pieri (1884-1913), "Quaderni Pristem", n. 6, Milano, 1997.

mente deduttive come le Sue, per evitare errori che altrimenti si commettono con facilità. Se ciò può essere importante per il ricercatore, quando raggruppa i propri risultati, dovrebbe essere poi per lui possibile esprimere in linguaggio ordinario non solo i propri risultati ma anche le riflessioni che portano a questi. (...) Di fatto questi modi di rappresentazione puramente deduttivi mi sembrano scientificamente molto importanti, sebbene io stesso rimanga sempre vicino all'intuizione e a questa sia legato con tutto il mio interesse. Altra questione è quale importanza si voglia attribuire per l'insegnamento al principiante. (...) Che nell'insegnare si debba prendere le mosse dall'intuizione (per salire poi gradualmente a vedute più astratte) è attualmente in Germania anche la concezione generale di chi si occupa dell'apprendimento.

Naturalmente, Klein era disposto ad ammettere che l'intuizione geometrica è qualcosa di essenzialmente impreciso: per lui, l'assioma altro non era che la richiesta attraverso cui stabilire nell'intuizione imprecisa degli enunciati precisi. Agli assiomi, in altri termini, si ricorreva per assicurarsi un substrato logico su cui poggiare le considerazioni intuitive che si fanno intorno agli oggetti geometrici. L'essenza vera e propria degli assiomi della Geometria risiede nella idealizzazione dei dati empirici.

Come si è già anticipato, nella sesta delle sue *Conferenze americane*, Klein confermava il suo dissenso nei confronti degli approcci rigorosamente assiomatici che si stavano diffondendo in Europa[30].

Su un punto Pasch è in disaccordo con me, quello relativo al valore rigoroso degli assiomi. Egli crede, ed è il punto di vista tradizionale, che è possibile in ultima istanza rigettare completamente l'intuizione e basare tutta la scienza sui soli assiomi. Quanto a me, sono certamente dell'avviso che nelle ricerche è sempre necessario combinare l'intuizione con gli assiomi. Per esempio, non credo che sarebbe stato possibile arrivare ai risultati relativi alle magnifiche ricerche di Lie, alla continuità della forma delle curve e delle superfici algebriche e alle forme più generali dei triangoli, senza fare costantemente uso dell'intuizione geometrica.
L'idea di Pasch, consistente nell'edificare la scienza sull'unica base degli assiomi, è stata spinta ancora più lontano da Peano nel suo Calcolo logico.

---

[30] Per un confronto con la opposta posizione di Hilbert, di poco successiva, contenuta nei *Grundlagen der Geometrie* del 1899, si veda [Bottazzini 1994], pp. 253-55.

D'altra parte, per la prima volta, tentava di chiarire cosa intendesse con il termine *intuizione geometrica*:

Nelle conferenze precedenti ho tanto insistito sull'importanza dei metodi geometrici che ora si presenta spontanea la questione relativa alla vera natura e ai limiti dell'intuizione geometrica.
Nella mia relazione pronunciata davanti al Congresso dei matematici riuniti a Chicago, ho fatto allusione sia all'intuizione ingenua che a quella che ho chiamato raffinata. È questa che noi troviamo in Euclide; egli sviluppa accuratamente il suo sistema sulla base di assiomi ben formulati, è pienamente consapevole della necessità di dimostrazioni rigorose, distingue nettamente il commensurabile dall'incommensurabile, e così via. L'intuizione ingenua, d'altra parte, è stata particolarmente attiva nel periodo della nascita del calcolo differenziale e integrale.
Ora, se ci chiediamo come si spiega la distinzione tra intuizione ingenua e intuizione raffinata, si può a mio avviso rispondere che la ragione intima di essa risiede nel fatto che l'intuizione ingenua manca di rigore, mentre l'intuizione raffinata non è affatto, propriamente parlando, un'intuizione e trae piuttosto la sua origine dallo sviluppo logico di assiomi considerati come perfettamente rigorosi.
Per spiegare cosa intendo nella prima parte dell'enunciato dirò che, secondo me, nella nostra intuizione ingenua, quando pensiamo ad un punto, il nostro spirito non concepisce un punto matematico astratto ma sostituisce a questa astrazione qualcosa di concreto. Quando ci figuriamo una linea, non è una "lunghezza senza larghezza" che ci rappresentiamo, ma una striscia avente una certa larghezza. Ora, una tale striscia ha ovviamente sempre una tangente; in altri termini, si può sempre immaginare una striscia curvilinea avente una piccola porzione (un elemento) in comune con la striscia rettilinea (...). Le definizioni dunque sono considerate come rigorose solo approssimativamente o solo finché è necessario. (...).
Quanto alla seconda parte dell'enunciato, esiste effettivamente un gran numero di casi in cui le conclusioni dedotte con ragionamenti puramente logici, a partire da definizioni rigorose, non possono più essere verificate dall'intuizione. (...). Ora, non c'è alcuna difficoltà a rispondere a tali questioni mediante il ragionamento logico, ma l'immaginazione si rifiuta di aiutarci completamente negli sforzi che facciamo per rappresentare un'immagine del risultato. Un altro autore, il signor Köpcke di Amburgo, ha avanzato l'idea che la nostra intuizione dello spazio è rigorosa fino al punto in cui essa cessa di esistere, essendo la nostra intuizione così limitata che è impossibile immaginarci delle curve senza tangenti.
Klein sembra respingere l'intuizione ingenua, direttamente ricavabile dai

sensi, per valorizzare quella "raffinata" ottenuta attraverso una rielaborazione concettuale dei dati sensoriali. Prima di affrontare questo passaggio, preferiamo però citare le parole finali di questa prima parte della *Conferenza*, che presentano aspetti delicati per gli inaspettati sviluppi che si sarebbero registrati con l'ascesa del nazismo.

Infine, bisogna aggiungere che il grado di esattezza dell'intuizione dello spazio varia forse secondo gli individui, fors'anche secondo le differenti razze. Sembrerebbe che l'intuizione ingenua dello spazio sia in grado elevato un attributo della razza tedesca, mentre il senso critico e puramente logico sia più sviluppato nelle razze latine ed ebraiche. Una ricerca estesa su tale argomento, vicina all'ordine di idee suggerite da Francis Galton nei suoi studi sull'ereditarietà, potrebbe risultare interessante.

È indubbio che il passo va interpretato senza malizia, nel senso che Klein fa proprie convinzioni e luoghi comuni diffusi a fine Ottocento. In ogni modo i nazisti trovarono in esso un autorevole precedente per diffondere le loro deliranti isterie razzistiche. Sebbene la questione sia stata già discussa nella letteratura da [Rowe 1986] e da [Shields 1988], ci sia permesso un rapido cenno. Anzitutto, per misurare la portata delle affermazioni di Klein, conviene riflettere sul seguente passo di Poincaré che, di fronte al problema sollevato da Klein, sottolinea gli elementi culturali-ambientali più che quelli razziali[31]:

La prima volta che un lettore francese apre il libro di Maxwell, alla sua ammirazione subentra subito un senso di malessere e spesso anche di fastidio. È dopo un lungo esercizio e molti sforzi che quelle sensazioni spariscono. Alcuni spiriti eminenti le conservano sempre. Perché le idee dello scienziato inglese faticano a penetrare nel nostro Paese? Senza dubbio perché l'educazione ricevuta dalla maggioranza dei francesi colti li predispone ad apprezzare la precisione e la logica più di ogni altra qualità. Da questo punto di vista, le vecchie teorie della Fisica matematica ci davano completa soddisfazione. Tutti i nostri maestri, da Laplace a Cauchy, hanno proceduto allo stesso modo. A partire da ipotesi chiaramente enunciate, deducevano tutte le conseguenze con rigore matematico e in seguito le confrontavano con i risultati sperimentali. Sembrano

---

[31] Cfr. H. Poincaré, *La Science et l'Hypothèse*, Paris, Flammarion, 1902, pp. 247-49 (traduzione mia). Si tengano anche presenti le considerazioni di [Enriques 1938], pp. 178-190, sulle "diverse attitudini del pensiero matematico".

voler dare ad ogni settore della Fisica la stessa precisione della Meccanica celeste.
Per uno spirito abituato ad ammirare tali modelli, una teoria difficilmente risulta soddisfacente. Non solo non le si consentirà la minima contraddizione, ma si pretenderà anche che le diverse parti siano correlate logicamente le une alle altre e le ipotesi ridotte al minimo. Ciò non è tutto; egli avrà altre esigenze che mi sembrano meno ragionevoli. Dietro la materia percepita dai sensi, e che conosciamo attraverso l'esperienza, egli vorrà vedere un'altra materia, la sola vera ai suoi occhi, che avrà qualità puramente geometriche e i cui atomi saranno punti matematici sottoposti alle sole leggi della dinamica. E perciò cercherà, con inconsapevole contraddizione, una rappresentazione di questi atomi, invisibili e incolori, per poterli avvicinare il più possibile alla materia volgare.
È solo allora che sarà pienamente soddisfatto e penserà di aver penetrato i segreti dell'universo. Per quanto ingannevole possa essere tale soddisfazione, rinunziarvi è ugualmente penoso.
Così, aprendo Maxwell, un francese si aspetta di trovarvi un insieme teorico logico e preciso quanto l'ottica fisica fondata sull'ipotesi dell'etere; lo attende perciò una delusione che vorrei evitare al lettore, avvertendolo subito ciò che deve cercare in Maxwell e ciò che non vi troverà.

Ma torniamo a Klein. Nel 1936, il *Göttinger Tageblatt* (un giornale della destra politica) usciva con uno strano titolo: "Felix Klein era ariano. Ciò di cui nessuno dubitava, almeno a Gottinga". Secondo il *Tageblatt*, la precisazione sulla "purezza" razziale della famiglia Klein si era resa necessaria dopo che il *Völkischer Beobachter*, portavoce del partito nazista, aveva sostenuto il contrario. L'origine dell'errore – si sosteneva – stava nell'*Enciclopedia giudaica*, essendo ben noto che gli ebrei amano pubblicare nomi di uomini famosi per accrescere il loro prestigio.
Se uno si chiede cosa avesse motivato le approfondite indagini razziali su Klein morto dieci anni prima, trova la risposta in un *memorandum* inviato dal fisico nazista (di origine austriaca) Hugo Dingler alle autorità naziste sul predominio ebraico in Matematica e in Fisica. Il documento era accompagnato da una lettera del più noto Philipp Lenard, teorizzatore – assieme a Joannes Stark, covincitore del Premio Nobel – della cosiddetta Fisica "tedesca", cioè ariana. Il dogma della Fisica "tedesca" si basava sulla convinzione tipicamente fascista che ogni creazione umana, e quindi anche la scienza, fosse la somma di contributi individuali, espressioni a loro volta della specifica caratterizzazione razziale ed etnica dell'individuo. Il documento di Dingler aveva lo scopo di documentare come gli ebrei avessero invaso la Matematica e la Fisica tedesche dopo la parità nei diritti raggiunta nel 1869. Ne era stato principale artefice Klein, che "almeno per un ramo

della sua famiglia discendeva da ebrei", imponendo una specie di dittatura. Secondo Dingler, aveva iniziato proponendo una rete di ricerca centrata su Gottinga e poi, dopo il suo fallimento, pubblicando l'*Encyklopädie der mathematischen Wissensschaften* attraverso cui aveva assunto il controllo del settore "dal momento che chi lavorava fuori dal suo impero non ebbe mai riconoscimenti". Aveva proseguito assumendo il controllo delle riviste e attirando a Gottinga uno stuolo di studenti stranieri a scapito di quelli tedeschi (a meno che non fossero ebrei): l'atmosfera di Gottinga fu non solo internazionale e pacifista, ma anche antitedesca fin dagli anni '90. Qualsiasi espressione di sentimenti nazionalistici da parte di un giovane studioso ne avrebbe bloccato la carriera e – proseguiva Dingler – l'influenza di Gottinga fu così pervasiva da creare anche uno stile tra i giovani matematici tedeschi i cui comportamenti, posture, gestualità e modi di parlare assunsero i modi tipici dei prototipi ebraici, sicché fu agevolata la carriera dei non ebrei che assumevano questo stile. La dittatura di Klein aveva portato a tale visibile ed efficace organizzazione che in pratica non ci fu istituto di istruzione superiore che non ebbe nei suoi organi accademici il suo "ebreo di Gottinga" ([Rowe 1986], p. 423).

Come ha mostrato [Shields 1988], queste tesi vennero riprese con altrettanta paranoia razzista e in altro contesto da Ludwig Bieberbach (1886-1982). Riprendiamo però[32] l'aberrante descrizione di Gottinga, operata da Dingler e Stark. Il lettore troverà nella parte finale dell'autobiografia di Klein un'efficace descrizione dei suoi programmi e delle realizzazioni. A parte dettagli di scarso rilievo, questa descrizione collima con il giudizio sedimentato sul piano storico e sulle testimonianze degli allievi, per le quali cediamo la parola a [Reid 1976], pp. 83-84:

> è vero, come ha scritto Weyl, che Klein dirigeva Gottinga come un dio[33], ma la sua divina potenza derivava dalla forza della personalità, dalla sua dedizione e propensione al lavoro e dalla sua abilità a ottenere che le cose si facessero. Nel corso degli anni, si era occupato della riforma della istruzione scientifica nelle scuole secondarie, il miglioramento delle

---

[32] Per ulteriori considerazioni, sia consentito rinviare a G. Israel, P. Nastasi, *Scienza e razza nell'Italia fascista*, Bologna, Il Mulino, 1998.

[33] La stessa Reid (p. 100) racconta che una volta alcuni studenti dell'indirizzo didattico si lamentarono del fatto che Neugebauer, allora assistente per la sala di lettura, avesse fatto spostare in posti inaccessabili i libri di Klein sulla pedagogia delle Matematiche elementari. Klein allora lo convocò e, conoscendo i suoi interessi per gli studi egittologici, si limitò a dirgli: "è arrivato un nuovo Mosé che non conosce il Faraone".

scuole tecniche, lo sviluppo di pregnanti corsi di Matematica per ingegneri e insegnanti, rafforzando i legami della Matematica con le altre scienze e le applicazioni e istaurando stretti legami con l'industria. (...) Klein aveva sognato un edificio specifico – un "istituto", come quelli delle discipline sperimentali – dove allocare la sala di lettura e tutte le altre attività matematiche. Ma soprattutto aveva desiderato fare di Gottinga il centro matematico e fisico del mondo.

Potremmo arrestare qui – al "sogno di Klein", così ottimamente descritto da Courant alla Reid – la nostra narrazione, ma ci siano consentite due osservazioni conclusive: la prima relativa alla distruzione di quel "sogno", operata dai nazisti, e la seconda per un rapido commento a quella parte dell'autobiografia e delle *Conferenze americane* relative ai rapporti della Matematica con le applicazioni e l'industria, in cui Klein ci appare interprete coerente della modernità.

Sul primo punto, basti citare un aneddoto relativo al 1934[34]: al ministro nazista della cultura che, durante una cerimonia a Gottinga, aveva chiesto ad Hilbert se era vero che la Matematica avesse sofferto i provvedimenti razziali del governo, il grande matematico rispose lapidariamente: «sofferto? Non ha sofferto, Signor Ministro. Semplicemente non esiste più».

Sul secondo punto, i materiali qui pubblicati sono espliciti e non abbisognano di altri commenti, se non per l'accusa di *americanismo* cui le iniziative di Klein furono sottoposte. È nota[35] la cura da parte del governo prussiano per lo sviluppo scientifico e industriale, dopo le sconfitte subite nelle guerre napoleoniche dei primi dell'Ottocento. Tale politica era rimasta parte integrante del processo di formazione dello stato prussiano anche successivamente al 1815. Dopo che un maggiore potere politico e militare fu raggiunto con l'unificazione del 1870-71, la promozione dello sviluppo scientifico e industriale continuò con una caratteristica, però, che Klein mette giustamente in risalto. L'industria e le scienze vennero incoraggiate all'insegna di una ideologia di autogoverno, nell'ambito di sostanziali contributi governativi a tutti i livelli. Nelle comunità scientifiche continuava a prevalere l'ideologia del carattere disinteressato e non utilitaristico del lavoro scientifico, che premiava la ricerca di base elevandola al di sopra

---

[34] Cfr. G. Israel, P. Nastasi, *Scienza e razza nell'Italia fascista*, op. cit., p. 44.
[35] Cfr. tra gli altri G.F. Feldman, "Industria e scienza in Germania, 1918-1939", in G. Battimelli, M. De Maria, A. Rossi (a cura di), *La ristrutturazione delle scienze tra le due guerre mondiali*, Roma, La Goliardica, 1984, 2 voll., I, pp. 117-130 (in particolare pp. 119-121).

della pratica e delle applicazioni. Quando alcuni settori industriali, sul modello della *Rockefeller Foundation*[36], scelsero di finanziare i rappresentanti più eminenti delle scienze tedesche, è probabile che anch'essi siano stati influenzati da tale ideologia, anche per le non poche riserve che gli ambienti tedeschi nutrivano sulle pratiche economiche americane. È in questo contesto che nascono le accuse di *americanizzazione* cui accenna Klein, come diffusa espressione della preoccupazione che la ricerca scientifica tedesca avesse a soffrire da una dipendenza troppo stretta dall'industria.

Diffondere tra i matematici puri l'interesse per le applicazioni e, tra gli ingegneri e più in generale i tecnici, il valore della Matematica come scienza fondamentale per il loro lavoro è il segno della vera modernità di Klein. In ogni caso anche la minor propensione verso il nuovo, come nel confronto con la moderna assiomatica, non gli aveva impedito di chiamare a Gottinga nel 1895 quel David Hilbert i cui *Grundlagen der Geometrie* (1899) faranno "apparire di colpo superato l'intero approccio kleiniano alla questione della natura degli assiomi e, insieme ad esso, anche il tradizionale problema filosofico sull'origine degli assiomi e la loro adeguatezza a dar conto dei 'fatti' empirici" ([Bottazzini 1994], pp. 253-54).

Riferimenti bibliografici

E. Agazzi, D. Palladino (1978) *Le geometrie non euclidee e i fondamenti della geometria,* Milano, Mondadori.

R.C. Archibald (1938) *A Semicentennial History of the American Mathematical Society*, New York, A.M.S.

M. Avellone, A. Brigaglia, C. Zappulla (1998) *I fondamenti della geometria proiettiva in Italia da De Paolis a Pieri,* Dipartimento di Matematica e Applicazioni Univ. Palermo, Preprint n. 73 (in corso di stampa su *Archive for History of Exact Sciences*).

G. Birkhoff, M.K. Bennett (1987) Felix Klein and his 'Erlanger Program', in W. Asray, P. Kitcher (a cura di), *History and Philosophy of Modern Mathematics,* Minneapolis, Univ. of Minnesota Press, pp. 145-176.

U. Bottazzini (1990) *Il flauto di Hilbert. Storia della matematica moderna e contemporanea,* Torino, U.T.E.T.

U. Bottazzini (1994) *Va' pensiero. Immagini della matematica nell'Italia dell'Ottocento,* Bologna, Il Mulino.

---

[36] Come confessa nell'autobiografia, Klein fu molto impressionato dal finanziamento privato alle Università che aveva constatato in America.

David C. Cassidy (1992) *Uncertainty. The Life and Science of Werner Heisenberg*, New York, Freeman.

F. Enriques (1938) *Le matematiche nella storia e nella cultura*, Bologna, Zanichelli [Lezioni pubblicate a cura di Attilio Frajese].

T. Hawkins (1984) The Erlanger Programm of Felix Klein: Reflections on its Place in the History of Mathematics, *Historia Mathematica*, 11, pp. 442-470.

T. Hawkins (1989) *Line Geometry, Differential Equations and the Birth of Lie's Theory of Groups,* in AA. VV., *The History of Modern Mathematics,* a cura di J. McCleary, D.E. Rowe, New York, Academic Press, 2 voll., I, pp. 275-327.

R. Hermann (1979) *Kleinian Mathematics from an Advanced Standpoint*, Appendice a F. Klein, *Development of Mathematics in the 19th Century* (trad. ingl. di [Klein 1926b-27]), pp. 163-630.

F. Klein (1872)*Vergleichende Betrachtungen über neuere geometrische Forschungen*, Programma presentato alla Facoltà filosofica e al Senato dell'Università del re Federico-Alessandro a Erlangen, Erlangen, Deichert. Rist. con l'aggiunta di note nei *Math. Annalen*, 43 (1893) e in [Klein 1921-23], pp. 460-497. [Trad. it. di G. Fano, Considerazioni comparative intorno a ricerche geometriche recenti, *Annali di Matematica pura e applicata*, vol. XVII (1889-90), pp. 307-343; una seconda trad. ital. è quella recente a cura di A. Bernardo, *Il programma di Erlangen* (Introd. di E. Agazzi), Brescia, La Scuola, 1998]. Da una nota di Laugel alla prima conferenza su Lie risulta che fu tradotta in inglese da [M.W.] Haskell per il *Bulletin of the New York Mathematics Society*, t. II (1892-93), pp. 215-249, e che ne fu fatta una traduzione francese da [H.] Padé nel 1891 nel t. VIII, s. III, [pp. 87-102 e 173-199] degli *Annales de l'École Normale [Supérieure]*.

F. Klein (1882) *Über Riemanns Theorie der algebraischen Funktionen und ihrer Integrale*, Leipzig, Teubner.

F. Klein (1884) *Vorlesungen über das Ikosaeder und die Auflösung der Gleichungen vom fünften Grade,* Leipzig, Teubner.

F. Klein (1890-92) *Vorlesungen über die Theorie der elliptischen Modulfunktionen,* con R. Fricke, Leipzig, Teubner, 2 voll.

F. Klein (1893) *Einleitung in die höhere Geometrie,* Leipzig, Teubner.

F. Klein (1894) *The Evanston Colloquium: Lectures on Mathematics,* a cura di A. Ziwet, New York and London, Mac Millan and Co. [trad. fr. di M.L. Laugel, *Conférences sur les Mathématiques faites au Congrés de Mathématiques tenu à l'occasion de l'exposition de Chicago...*, Paris, Librairie Scientifique A. Hermann, 1898].

F. Klein (1895) *Vorträge über Ausgewählte Fragen der Elementargeometrie, ausgearbeitet von Tagert,* Leipzig, Teubner [trad. it. di F. Giudice, con prefazione di G. Loria, *Conferenze sopra alcune questioni di Geometria elementar*e, Torino, Rosenberg & Seller, 1896].

F. Klein (1897a) *The mathematical theory of the top: Princeton lectures,* a cura di H.B. Fine, New York, Charles Scribners.

F. Klein (1897b-1898-1903-1910) *Über die Theorie des Kreisels,* con A. Sommerfeld, Leipzig, Teubner, 4 voll.

F. Klein (1897c-1912) *Vorlesungen über die Theorie der automorphen Funktionen,* con R. Fricke, Leipzig, Teubner, 2 voll.

F. Klein (1921-23) *Gesammelte Mathematische Abhandlungen,* a cura di R. Fricke e A. Ostrowski, Berlin, Springer, 3 voll., 1921-23 (ma rist. 1973).

F. Klein (1923) Göttinger Professoren. Lebensbilder von eigener Hand. 4. Felix Klein, *Mitteilungen des Universitätsbundes Göttingen,* 5, pp. 11-36.

F. Klein (1924-28) *Elementarmathematik vom höheren Standpunkt aus,* Berlin, Springer, 3 voll.

F. Klein (1926a) *Vorlesungen über höhere Geometrie. Dritte Auflage. Bearbeitet und heraugegeben von W. Blaschke,* Berlin, Springer.

F. Klein (1926b-27) *Vorlesungen über die Entwicklung der Mathematik im 19. Jahrhundert,* Berlin, Springer, 2 voll. [trad. ingl. di M. Ackerman, *Development of Mathematics in the 19th Century,* Brookline (Mass.), Math. Sci. Press, 1979]

F. Klein (1928) *Vorlesungen über nicht-euklidische Geometrie,* Berlin, Springer.

F. Klein (1933) *Vorlesungen über die hypergeometrische Funktion,* Berlin, Springer.

M. Kline (1972) *Mathematical Thought from Ancient to Modern Times,* New York, Oxford University Press, p. 889 [trad. it. *Storia dei pensiero matematico,* a cura di A. Conte, Torino, Einaudi, 2 voll., 1990-91].

K.H. Parshall (1984) Eliakim Hasting Moore and the Founding of a Mathematical Community in America, 1892-1902, *Annals of Science,* 41, pp. 313-333.

K.H. Parshall (1998) *James Joseph Sylvester. Life and Work in Letters,* Oxford, Clarendon Press.

K.H. Parshall, D.E. Rowe (1989) American Mathematics Comes of Age: 1875-1900, in *A Century of Mathematics in America,* Part III (ed. by P. Duren), Providence, American Math. Soc., pp. 3-28.

C. Reid (1976) *Courant in Göttingen and New York. The Story of an Improbable Mathematician,* New York–Heidelberg–Berlin, Springer-Verlag.

D.E. Rowe (1983) A forgotten chapter in the history of Felix Klein's Erlanger Programm, *Historia Mathematica,* 10, pp. 448-457.

D.E. Rowe (1985) Felix Klein's "Erlanger Antrittsrede". A Transcription with English Translation and Commentary, *Historia Mathematica,* 12, pp. 123-141.

D.E. Rowe (1986) "Jewish Mathematics" at Göttingen in the Era of Felix Klein, *Isis,* 77, pp. 422-449.

D.E. Rowe, (1989a) *The Early Geometrical Works of Sophus Lie and Felix Klein,* in *The History of Modern Mathematics,* op. cit., I, pp. 209-273.

D.E. Rowe, (1989b) Klein, Hilbert, and the Göttingen Mathematical Tradition, *Osiris,* s. 2, 5, pp. 186-213.

D.E. Rowe, (1989c) Interview with Dirk Jan Struik, *Mathematical Intelligencer*, 11, pp. 14-26.

D.E. Rowe, (2000) Episodes in the Berlin-Göttingen Rivalry, 1870-1930, *The Mathematical Intelligencer*, 22, pp. 60-69.

A. Shields (1988), Klein and Bieberbach. Mathematics, Race, and Biology, *The Mathematical Intelligencer*, 10, n. 3, pp. 7-11.

F.G. Tricomi (1972) *Il centenario del «Programma di Erlangen» di Felix Klein*, Roma, Accademia Nazionale dei Lincei ("Celebrazioni Lincee" n. 63).

I.M. Yaglom (1988) *Felix Klein and Sophus Lie*, Boston-Basel, Birkhäuser.

Felix Klein

Conferenze americane

(traduzione dall'edizione francese del 1898 di Pietro Nastasi)

Introduzione

PIETRO NASTASI

Nel 1892, in occasione del quarto centenario della scoperta dell'America, si tenne a Chicago la *World's Columbian Exposition*. Riprendendo idee già in qualche modo presenti nella precedente *Esposizione* parigina del 1889, gli organizzatori americani decisero di ampliare le consuete attività di una fiera internazionale con una serie di Congressi tematici, che avrebbero dovuto rappresentare le principali attività intellettuali del momento e dare voce ai protagonisti della cultura mondiale. Furono così costituiti *214* comitati organizzatori, con l'incarico di contattare i *leaders* mondiali di vari settori. Uno di questi comitati fu composto dai matematici dell'Università di Chicago: Eliakim H. Moore (1862-1932), che aveva studiato a Gottinga e Berlino prima di essere chiamato a Chicago nel 1892; Oskar Bolza (1857-1936), allievo di Weierstrass; Heinrich Maschke (1853-1908), altro geometra tedesco formatosi a Berlino e Gottinga; Henry S. White (1861-1943), che aveva ottenuto il dottorato di ricerca con Klein ed era allora professore associato all'Università Northwestern (in Evanston, Illinois). Furono invitati matematici americani (la *Società matematica* di New York era stata appena costituita) e europei e l'iniziativa ottenne un largo consenso. Felix Klein fu addirittura inviato in America in rappresentanza ufficiale del governo prussiano (assieme a Eduard Study, allora professore straordinario a Marburg) e collaborò con il gruppo di Chicago in tutta la fase preparatoria e nello svolgimento del primo *Congresso internazionale dei matematici* (21-26 agosto 1893), che fu affiancato da una mostra documentaria sul sistema educativo tedesco e sui modelli matematici.

Il ruolo importante svolto da Klein si spiega con il fatto – sottolineato da [Parshall, Rowe 1989] – che dal 1880 al 1895 egli era stato "il più popolare e influente insegnante dei matematici americani". L'elenco, con i titoli delle dissertazioni di dottorato è riportato nel lavoro ora citato e non è il caso di riproporla; è però importante sottolineare che molti di quei matematici avrebbero assunto posizioni di rilievo nell'ambito della Matematica americana.

Al Congresso parteciparono matematici di Austria, Francia, Germania, Italia (Capelli, Paladini e Pincherle), Russia, Svizzera e Stati Uniti.

L'elenco delle conferenze tenute mette in evidenza il ruolo centrale esercitato dalla Germania*:

O. Bolza, Sui sistemi weierstrassiani di integrali iperellittici di prima e seconda specie;
H. Burkhardt, Su alcuni risultati matematici delle ricerche recenti in Astronomia e, in particolare, sugli integrali irregolari delle equazioni differenziali lineari;
A. Capelli, Alcune formule relative alle operazioni di polare;
F. Cole, Funzioni automorfe in teoria dei numeri;
G. Halsted, Alcuni punti salienti della storia della Geometria non euclidea e dell'iperspazio;
Z. Heffter, I recenti progressi nella teoria delle equazioni differenziali;
C. Hermite, Su alcune proposizioni fondamentali della teoria delle funzioni ellittiche;
D. Hilbert, Sulla teoria degli invarianti algebrici;
A. Hurwitz, Sulla riduzione delle forme binarie quadratiche;
F. Klein, Lo stato attuale delle Matematiche;
F. Klein, Sullo sviluppo della teoria dei gruppi negli ultimi venti anni;
M. Krause, Per la trasformazione di quinto grado delle funzioni iperellittiche di primo ordine;
E. Lemoine, Considerazioni generali sulla misura della semplicità nelle Matematiche. Regola delle analogie nel triangolo e trasformazione continua;
M. Lereh, Su un integrale definito che rappresenta la funzione $\varsigma(s)$ di Riemann;
A. Macfarlane, Sulla definizione delle funzioni trigonometriche. I princìpi dell'Analisi ellittica e iperbolica;
A. Martin, Sui numeri che sono potenze quinte e la cui somma è una potenza quinta;
H. Maschke, Invarianti di un gruppo di *2168* sostituzioni lineari effettuate su quattro elementi;
F. Meyer, Tavole di gruppi di trasformazioni finiti e continui;
H. Minkowski, Su alcune proprietà dei numeri interi dedotte da rappresentazioni geometriche;
E. Moore, Un sistema doppiamente infinito di gruppi semplici;
E. Netto, Sulle tendenze aritmetico-algebriche di Leopold Kronecker;

---

* Cfr. *Mathematical Papers read at the International Mathematical Congress, held in connection with the World's exposition Chicago 1893*, revisionato dal comitato del Congresso E.-H. Moore, O. Bolza, H. Maschke, H.-S. White, New York, Macmillan, 1896.

M. Noether, Elementi consecutivi e coincidenti su una curva algebrica;
M. d'Ocagne, Nomografia: sulle equazioni rappresentabili con tre sistemi rettilinei di punti isopleti;
B. Paladini, Sul movimento di rotazione di un corpo rigido attorno ad un punto fisso;
J. de Perotte, Una costruzione del gruppo di Galois di *660* elementi;
T. Pervonchine, Sulle operazioni aritmetiche riguardanti numeri grandi;
S. Pincherle, Riassunto di alcuni risultati relativi alla teoria dei sistemi ricorrenti di funzioni;
A. Pringsheim, Sulle condizioni necessarie e sufficienti per lo sviluppo in serie di Taylor di una funzione di variabile reale. Teoria generale della divergenza e della convergenza di serie a termini positivi;
A. Sawin, La risoluzione algebrica delle equazioni;
V. Schlegel, Alcuni teoremi relativi al centro di gravità. Il teorema di Pitagora nello spazio a più dimensioni;
A. Schoenflies, Teoria dei gruppi e cristallografia;
J. Stringham, Formulario per un'introduzione alle funzioni ellittiche;
E. Study, Ricerche antiche e recenti sui sistemi di numeri complessi. Alcune ricerche di trigonometria sferica;
H. Taber, Sulla sostituzione ortogonale;
H. Weber, Per la teoria delle equazioni algebriche a coefficienti interi;
Weyr, Sull'equazione delle geodetiche.

Subito dopo il Congresso, Klein fu invitato a tenere un *Colloquium* per i matematici americani che avevano partecipato al Congresso. Fu scelta l'Università Northwestern e Klein fu ospite del suo ex allievo White. Le conferenze si tennero dal 28 agosto al 9 settembre e videro la partecipazione di: W.W. Beman (Michigan), E.M. Blake (Columbia), O. Bolza (Chicago), H.T. Eddy (Rose Polyt. Inst.), Achsh M. Ely (Vassar), F. Franklin (John Hopkins Univ.), T.F. Holgate (Northwestern), L.S. Hulburt (John Hopkins Univ.), F.H. Loud (Colorado C.), J. McMahon (Cornell), H. Maschke (Chicago), E.H. Moore (Chicago), J.E. Oliver (Cornell), W.E. Story (Clark), E. Study (Marburg), H. Taber (Clark), H.W. Tyler (M.I.T.), J.M. Van Vleck (Wesleyan), E.B. Van Vleck (Wisconsin), C.A. Waldo (De Pauw), H.S. Whithe (Northwestern), Mary F. Winston (Chicago), A. Ziwet (Michigan).

Nel corso delle due settimane Klein non si limitò a dare giornalmente le sue conferenze (in inglese), ma dedicò anche molto tempo ai colloqui personali con i partecipanti. Le dodici conferenze riguardarono i seguenti argomenti: "Clebsch", "Sophus Lie" (due conferenze), "Sulla vera forma delle curve e delle superfici algebriche", "La teoria delle funzioni e la Geometria", "Sul carattere matematico dell'intuizione dello spazio e sulle relazioni della Matematica pura con le scienze applicate", "Sulla trascendenza dei numeri e e π", "I numeri ideali", "Sulla risoluzione delle equazioni algebriche di grado superiore", "Su alcuni progressi recenti nella teoria delle funzioni iperellittiche e abeliane", "Le ricerche più recenti sulla Geometria non euclidea", "Lo studio della Matematica a Gottinga".

Le dodici conferenze di Klein, raccolte da Alexander Ziwet (1853-1928), assistente presso l'Università del Michigan, precedute dalla traduzione di un articolo di Klein: "Lo sviluppo della matematica nelle università tedesche", furono pubblicate a New York nel 1894 con il titolo: *The Evanston Colloquium Lectures on Mathematics* (successivamente ristampato nel 1911, dall'A.M.S. con una Prefazione di Osgood). Il volume fu poi tradotto in francese da M.L. Laugel e pubblicato da Hermann a Parigi nel 1898[*]. In una nota a piè di pagina, corredato da una serie di note bibliografiche, Laugel si scusa col lettore per le eventuali incompletezze:

> il traduttore, privo delle risorse di un grande centro scientifico, non osa sperare che queste note bibliografiche sui lavori pubblicati dopo il Congresso di Chicago siano complete sotto ogni punto di vista. Sarebbe stato d'altra parte impossibile estenderle al punto di vista critico, senza uscire dal ruolo di traduttore e introdurre un elemento di disomogeneità. Completare un lavoro di Klein potrebbe essere fatto d'altronde solo da lui stesso. Il traduttore coglie l'occasione per porgere i suoi ringraziamenti a Klein e Ziwet per il permesso accordatogli di presentare il *Colloquium* ai lettori francesi. Egli ringrazia particolarmente Klein per i suoi benevoli consigli e le indicazioni bibliografiche. Né potrebbe dimenticare di testimoniare la sua gratitudine a Hermann per la cura con cui ha collaborato alla correzione delle bozze.

A conclusione di tutto il suo lavoro, Laugel appose la seguente nota finale, "benevolmente suggeritagli dallo stesso Klein":

> molti lettori potranno meravigliarsi di veder citate solo di sfuggita o anche taciute numerose e importanti teorie di cui si è occupato Klein assieme ad altri geometri, ma simili critiche sarebbero troppo ingenerose.
> In realtà, ciò è dovuto a una circostanza che sfugge facilmente all'attenzione del lettore. Le conferenze fatte alla fine del Congresso avevano lo scopo di completare i lavori e le comunicazioni presentate al Congresso. Così i temi analizzati in modo completo in quei lavori non sono citati

---

[*] Secondo [Archibald 1938], p. 67, ne esiste anche una traduzione polacca, a cura di Samuel Dickstein, Varsavia 1899. La sesta conferenza è stata ristampata in [Klein 1921-23], II, pp. 225-31, nella versione inglese.

nelle Conferenze e naturalmente la stessa cosa accade per i temi che non sono stati oggetto di alcuna comunicazione al Congresso.

Il *Colloquium* e i *Mathematical Papers* già citati, presi insieme, formano dunque un insieme completo e per così dire omogeneo. Si troverà l'indice dei *Mathematical Papers* nel *Bulletin de M. Darboux*, t. XX, 2ª serie (1896). Poco dopo il Congresso, una breve analisi dei lavori in questione, è stata pubblicata da Tayler in collaborazione con Klein, nel *Bollettino della Società matematica di New York* (t. III, 1893, pp. 14-19).

Mi piace chiudere questa breve introduzione riportando qualche passo della bella recensione che, dell'edizione inglese delle *Conferenze,* fece Jules Tannery per il *Bulletin des Sciences Mathématiques*, meglio noto all'epoca come *Bulletin de Darboux* (il lettore troverà le indicazioni complete nella Nota di Laugel alla Conferenza V).

Se non fosse necessario essere matematici per comprendere cos'è la Matematica, per avere qualche idea dei problemi che risolve e che pone, del dominio che ha conquistato e dei vasti territori dove penetra, occorrerebbe consigliare a tutti di leggere queste dodici conferenze, così ricche di fatti e di suggerimenti, così varie negli argomenti, che mettono assieme storia della scienza, vedute filosofiche, considerazioni ingegnose, teoremi precisi, ardite generalizzazioni, consigli pedagogici e che di volta in volta affrontano i rami più disparati della scienza: l'Aritmetica, l'Algebra, l'Analisi superiore, la Geometria. (...) Non so se sono riuscito a dare qualche idea della varietà e dell'interesse degli argomenti che Klein sviluppa, indica, tocca con mano leggera o approfondisce. Ci vorrebbe una presunzione insopportabile a pretendere di analizzare una per una le conferenze, nelle quali si ha a che fare contemporaneamente con almeno tre maestri: un geometra, un filosofo, un artista. Quale bisognerebbe lodare di più? Non so, e se lo si chiedesse a Klein e lui potesse rispondere, non sarebbe imbarazzato a farlo? Se somigliasse ad altri, preferirebbe senza dubbio quello dei tre che è meno sviluppato, ma ancora una volta, quale?

Il testo delle *Conferenze americane* sarà preceduto, per completezza, dalla traduzione del già citato saggio di Klein: "Lo sviluppo della Matematica nelle Università tedesche" (che è richiamato anche nella prima conferenza ed è collegato con la dodicesima). I titoli delle Note, delle Memorie e dei volumi citati è stato lasciato nella stessa forma in cui compaiono nel testo francese. Le note a piè di pagina sono generalmente di Klein. Ho segnalato le mie note con il simbolo * e con il simbolo # quelle di Laugel.

Lo sviluppo delle Matematiche nelle Università tedesche[#]

Il secolo XVIII ha edificato una base solida e ferma per lo sviluppo delle Matematiche in ogni direzione. Ma le Università propriamente dette non giocarono allora un ruolo predominante; sono state piuttosto le Accademie ad avere importanza straordinaria.

Non si possono nemmeno adottare confini troppo precisi, rispetto alle nazionalità. All'inizio del secolo apparve in Germania l'illustre Leibniz. In seguito si presenterà – presso gli svizzeri di lingua tedesca – la dinastia dei Bernoulli e l'incomparabile Eulero[*]. Ma l'attività di questi uomini, anche nelle sue manifestazioni esteriori, non può essere confinata dentro strette frontiere geografiche; per coglierne la portata, si devono unire la Russia e l'Olanda alla Germania e alla Svizzera. D'altra parte, sotto il grande Federico, i matematici francesi Lagrange, d'Alembert, Maupertuis[**], a fianco di Eulero e di Lambert, hanno fatto la gloria dell'Accademia di Berlino.

L'impulso verso un cambiamento completo di una tale condizione fu dato dalla Rivoluzione francese. L'influenza di questo grande evento storico sullo sviluppo scientifico si è manifestato in due direzioni. Da una parte, ha creato una più accentuata separazione tra le nazioni, insieme ad un preciso sviluppo delle tendenze nazionali caratteristiche. Le idee scientifiche conservano naturalmente la loro universalità – e i rapporti internazionali tra gli scienziati sono diventati particolarmente importanti per il progresso

---

[#] La traduzione francese è stata condotta sulla base del testo inglese, rivisto dallo stesso Klein, della sezione *Mathematik* dell'opera *Die Deutschen Universitäten*, Berlin, Ascher & C., 1893, preparata dal prof. Lexis in occasione dell'Esposizione di Chicago.
[*] Leonhard Euler (1707-1783).
[**] Joseph Louis Lagrange (1736-1813); Jean d'Alembert (1717-1783); Pierre Louis Maupertuis (1698-1759).

scientifico – ma lo sviluppo delle idee scientifiche avviene oggi su base nazionale. D'altra parte, l'effetto della Rivoluzione francese si manifesta nei metodi d'insegnamento. L'evento decisivo a questo proposito è stata la creazione a Parigi dell'*École polytechnique* nel 1794. Da questa data si riconosce, e si accetta come grande principio, che la ricerca scientifica e l'insegnamento attivo possano direttamente essere combinati insieme, che i soli corsi sono insufficienti e devono completarsi con rapporti personali diretti tra docente e allievo e, soprattutto, che è di importanza capitale l'attività personale dello studente. L'esempio dato da Parigi fu ancora più fecondo dopo la pubblicazione sistematica dei corsi tenuti alla scuola; prese così avvio tutta una serie di splendidi trattati classici che restano ancora oggi la base degli studi matematici in Germania. Ma l'idea principale dei fondatori dell'*École polytechnique*, cioè la necessità degli stretti rapporti dell'insegnamento tecnico con lo studio delle Matematiche superiori, non si è mai radicata nelle Università tedesche, creando all'inizio un notevole vantaggio per lo sviluppo senza restrizioni della ricerca teorica. I nostri professori, il cui insegnamento era limitato a un piccolo numero di studenti (destinati essi stessi all'insegnamento e alla ricerca) erano interessati alla teoria pura e potevano seguire la loro inclinazione naturale con molta maggiore libertà di quanto sarebbe stato possibile in altre condizioni.

Ma torniamo al nostro resoconto storico. Innanzitutto, dobbiamo segnalare la posizione occupata da Gauss[*], che si pone alla testa del nuovo sviluppo, sia per la durata della sua attività (dato che le sue pubblicazioni si estendono dal 1799 a tutta la prima metà di questo secolo) sia per la ricchezza delle idee e le nuove scoperte che riguardarono quasi tutti i campi della Matematica pura e applicata, sia ancora per i suoi metodi. Gauss fu il primo a restaurare quel *rigore* nelle dimostrazioni che ammiriamo nei matematici dell'antichità e che era stato indebitamente posto in secondo piano dagli scienziati del periodo precedente, interessati esclusivamente ai *nuovi* sviluppi. Tuttavia, preferirei annoverare Gauss fra i grandi ricercatori del XVIII secolo, con Eulero, Lagrange e altri. Vi appartiene per l'universalità della sua opera, in cui non appare ancora alcuna traccia di quella specializzazione che è divenuta una delle caratteristiche della nostra epoca. Gauss può essere collocato a fianco di quei grandi personaggi anche per il suo interesse esclusivamente accademico e l'assenza di quelle attività d'insegnamento di cui parlavamo prima. Otterremo così un quadro dello sviluppo matematico immaginando una catena di montagne elevate, che rappresentano gli uomini del XVIII secolo, chiusa da una cima imponente –

---

[*] Carl Friedrich Gauss (1777-1855).

Gauss – cui fa seguito un largo e ricco paesaggio formato da colline, meno elevate, ma pieno di nuovi elementi di vita. Immediatamente vicini a Gauss, ma sotto l'influenza dominante di Bessel[*], troviamo nel periodo seguente astronomi e geodeti mentre nelle Matematiche pure, che cominciano a essere coltivate nelle nostre Università in maniera indipendente, il secondo quarto del XIX secolo inaugura una nuova epoca, segnata dai nomi illustri di Jacobi e Dirichlet[**].

Jacobi[***] iniziò la carriera a Berlino e vi ritornò durante gli ultimi anni della sua vita (morì nel 1851). Ma è il periodo dal 1826 al 1843, quando lavorava a Königsberg contemporaneamente a Bessel e Franz Neumann[****], che va considerato come l'apogeo della sua carriera. È in quel periodo che pubblicò i *Fondamenta nova theoriae functionum ellipticarum*, in cui diede in forma analitica un'esposizione sistematica delle scoperte sue e di Abel[*****] in questo dominio. Successivamente, dopo un lungo soggiorno a Parigi, fu protagonista di una notevole attività didattica, che resta ancora ineguagliata sia per la stimolante potenza sia per i risultati immediati nel campo delle Matematiche. Un'idea di tale lavoro è fornita dalle sue *Leçons sur la dynamyque*, curate da Clebsch nel 1866, e dall'elenco completo dei suoi corsi di Königsberg, dato da Kronecker nel volume settimo delle *Oeuvres complètes de Jacobi*. La novità dei *corsi* è che in essi Jacobi si occupa esclusivamente dei problemi sui quali lavorava, con l'unico scopo di riuscire a portare gli studenti nell'ambito della propria ricerca. È in questo contesto che fondò il primo *seminario* matematico. E tale era il suo entusiasmo che non solo annunciava nelle conferenze i risultati più importanti delle sue nuove ricerche, ma anche non perdeva tempo a pubblicarli altrove.

Dirichlet lavorò dapprima a Breslau, poi per un lungo periodo (1831-1855) a Berlino e infine per quattro anni a Gottinga. Allievo di Gauss, ma nello stesso tempo in stretti rapporti con gli scienziati francesi, scelse la Fisica matematica e la Teoria dei numeri come punti centrali della sua attività scientifica. Preferiva la semplicità dei concetti e le questioni di principio agli sviluppi che abbracciano una grande estensione e queste sono anche le considerazioni sulle quali insiste maggiormente nei suoi corsi. Questi sono caratterizzati da una perfetta lucidità e da una certa raffinata

---

[*] Friedrich Wilhelm Bessel (1784-1846).
[**] Johann Peter Gustav Lejeune Dirichlet (1805-1859).
[***] Karl Gustav Jacob Jacobì (1804-1851).
[****] Franz Ernst Neumann (1798-1895).
[*****] Niels Henrik Abel (1802-1829).

obiettività; sono contemporaneamente accessibili al principiante e fortemente suggestivi per il lettore più avanzato. Basti qui citare le sue *Leçons sur la théorie des nombres*, redatte da Dedekind, che costituiscono ancor oggi il trattato classico per eccellenza sull'argomento.

Gauss, Jacobi e Dirichlet sono i personaggi che hanno determinato la direzione degli sviluppi successivi. L'esposizione procederà ora in modo diverso, seguendo le diverse Università che sono state più importanti dal punto di vista della Matematica. A partire da questa epoca, oltre i risultati ottenuti dai singoli ricercatori, il principio di cooperazione (pur dipendente dalle condizioni locali) gioca un ruolo via via crescente nello sviluppo della nostra disciplina. Prenderemo, approssimativamente, come limite superiore di questo resoconto l'anno 1870 e citeremo nell'ordine le Università di Königsberg, Berlino, Gottinga e Heidelberg.

Si è già detto abbastanza dell'attività di Jacobi a Königsberg. Dopo la sua partenza, l'Università resta ancora un considerevole centro di istruzione matematica perché Richelot[*] e Hesse[**] seppero mantenere alta la tradizione di Jacobi, il primo sul versante analitico e il secondo su quello geometrico. Nello stesso tempo i corsi di Franz Neumann di Fisica matematica cominciano ad attirare una crescente attenzione e una maestosa processione di matematici trae origine da Königsberg. Non c'è Università tedesca alla quale Königsberg non abbia inviato un professore.

Si è già anticipato qualcosa su Berlino. Gli anni dal 1845 al 1851, durante i quali Jacobi e Dirichlet lavorarono insieme, sono il momento più brillante del primo periodo della scuola di Berlino. Oltre a questi geometri, la figura più eminente è quella di Steiner[***], che vi insegnò dal 1835 al 1864 e che è il fondatore della Geometria sintetica in Germania. Spirito originale anzitutto, era un professore dei più suggestivi grazie alla maniera esclusiva con cui sviluppava le sue concezioni geometriche. Quale evento di considerevole importanza, va qui citata la fondazione nel 1826 del *Giornale di Crelle* per le Matematiche pure e applicate. Questa rivista matematica, la sola apparsa in Germania per diverse decine di anni, contiene le Memorie fondamentali di quasi tutti i più eminenti rappresentanti della scienza tedesca. Tra i contributi stranieri, i primi volumi contengono le ricerche del celebre Abel. Crelle stesso ne fu redattore capo per trenta anni. Gli successe Borchardt (dal 1856 al 1880) e la rivista ha ora raggiunto il XC volume.

---

[*] Friedrich Julius Richelot (1808-1875).
[**] Ludwig Otto Hesse (1811-1874).
[***] Jacob Steiner (1796-1863).

Si deve anche ricordare la fondazione, nel 1844, della *Berliner Physikalische Gesellschaft* [Società di fisica di Berlino] tra i cui membri citiamo Helmholtz, Kirchhoff e Clausius. Benché non possiamo annoverarli come matematici nel senso stretto del termine, tuttavia il loro lavoro ha prodotto importanti risultati per la Matematica sotto diversi punti di vista. Nello stesso periodo (1825-1862) Encke, direttore dell'Osservatorio astronomico di Berlino, esercita un'influenza che si proietta in lontananza elaborando i metodi di calcolo astronomico sulla base delle regole poste da Gauss. Ma lasciamo per ora Berlino, riservandoci di ritornarvi quando daremo conto dello sviluppo più recente della Matematica in questa Università.

Parliamo ora della scuola di Gottinga. La base permanente su cui riposa la sua importanza matematica è naturalmente costituita dalla tradizione di Gauss. Questa, peraltro, continua senza interruzioni nel campo della Fisica per opera di Wilhelm Weber, quando rientra a Gottinga da Lipsia (1849) e inaugura le esperienze sistematiche, relative alle misure elettromagnetiche. Anche sul versante matematico, abbiamo presto alcuni nomi eminenti. Alla morte di Gauss, Dirichlet lo sostituisce trasferendo a Gottinga la sua notevole attività didattica, anche se per un periodo purtroppo troppo breve (1855-59). Al suo fianco si eleva Riemann (1854-66), cui seguirà più tardi Clebsch (1868-72).

Riemann si collega sia a Gauss che a Dirichlet anche se, d'altra parte, aveva già completamente assimilato le idee di Cauchy sull'impiego delle variabili complesse. È da qui che provengono le sue creazioni più profonde nella teoria delle funzioni, che in seguito sono state una sorgente feconda e pressoché permanente di materiali tra i più suggestivi.

Clebsch, se ci si passa l'espressione, è in qualche modo complementare a Riemann. Partito da Könisberg e inizialmente cultore di Fisica matematica, trovò nel periodo di Giessen la via particolare che avrebbe seguito a Gottinga con tanto successo. Conoscendo i lavori di Jacobi e la Geometria moderna, vi introdusse i risultati delle ricerche algebriche dei matematici inglesi Cayley e Sylvester; su questa doppia base, stabilì nuove vie che conducono ai problemi che riguardano tutta la teoria delle funzioni e in particolare gli sviluppi delle idee di Riemann. Ma l'influenza di Clebsch sulla nostra disciplina non è caratterizzata solo da questo. Uomo di vivida immaginazione, capace di entrare facilmente nelle idee altrui, influenzò i suoi allievi ben al di là dei limiti dell'insegnamento diretto; di carattere attivo e intraprendente, fondò in collaborazione con C. Neumann, di Lipsia, una nuova rivista, i *Mathematische Annalen*, che è stata poi regolarmente pubblicata e ha oggi raggiunto il suo quarantunesimo volume.

Richiamo ancora gli anni memorabili di Heidelberg, dal 1855 fino al 1870 circa. È in questo periodo che si tennero i corsi di Hesse sulla

Geometria algebrica, così eleganti e così celebri; è ad Heidelberg che insegnava Fisica Kirchhoff, mentre Helmholtz[*] completava le sue grandi Memorie sulla Fisica matematica, che servirono di base alle eleganti ricerche di Kirchhoff[**].

Resta ora da parlare della *seconda scuola* di Berlino, che comincia verso la metà del secolo e che esercita ancora la sua influenza. Ne furono a capo Kummer, Kronecker e Weierstrass[***]; i primi due, allievi di Dirichlet, si occuparono soprattutto di sviluppare la teoria dei numeri mentre l'ultimo, appoggiandosi maggiormente alle idee di Jacobi e di Cauchy, divenne contemporaneamente a Riemann il creatore della moderna teoria delle funzioni. Possiamo citare soltanto di sfuggita i *corsi* di Kummer: per la loro organizzazione e l'esposizione chiara e lucida sono stati utili soprattutto agli studenti, pur non essendo particolarmente notevoli per originalità. Diverso è il caso di Kronecker e di Weierstrass, i cui *corsi* divennero con il tempo sempre più espressione della loro personalità scientifica. Entrambi, almeno fino ad un certo punto, lasciarono sullo sfondo i metodi intuitivi ma evitarono anche i lunghi sviluppi *formali* della nostra disciplina, dedicandosi con una critica rigorosa all'esposizione delle idee analitiche fondamentali. In questo senso Kronecker è andato ancora più in là di Weierstrass, tentando di bandire del tutto l'idea di numero irrazionale e di ridurre tutti gli sviluppi unicamente a relazioni tra numeri interi. Queste tendenze hanno esercitato una influenza universalmente riconosciuta e hanno dato un carattere particolare a gran parte delle ricerche matematiche odierne.

Abbiamo tratteggiato a grandi linee ciò che precede lo stato generale della nostra disciplina, quale risultava verso il 1870. Per il periodo successivo non si può procedere in modo analogo. Gli sviluppi attuali sono ancora in corso e i ricercatori di cui dovremmo parlare sono vivi e occupati nelle loro ricerche creative. Tutto quello che si può fare è di aggiungere alcune note di carattere molto generale sull'aspetto attuale della Matematica in Germania. Ma prima è opportuno completare l'analisi precedente, almeno da due punti di vista.

In primo luogo, dobbiamo ricordare che, anche nei limiti adottati, non abbiamo affatto esaurito l'argomento. In realtà, il tratto peculiare delle Università tedesche è che la loro vita non è centralizzata: ovunque si riveli,

---

[*] Hermann Ludwig Ferdinand von Helmholtz (1821-1894).
[**] Gustav Robert Kirchhoff (1824-1884).
[***] Ernst E. Kummer (1810-1893); Leopold Kronecker (1823-1891); Karl Weierstrass (1815-1897).

un maestro troverà il suo centro di attività. Così, per un'epoca più antica, si può citare quell'analista perspicuo, J. Fr. Pfaff[*], che lavorò a Helmstedt e a Halle dal 1788 al 1825 e che per un certo tempo ebbe Gauss fra i suoi allievi. Pfaff fu il primo rappresentante di quella scuola *combinatoria,* che per qualche tempo giocò un grande ruolo in diverse Università tedesche e poi fu posta in secondo piano dai numerosi nuovi sviluppi scientifici. Si possono anche citare tre grandi geometri: Möbius[**] a Lipsia, Plücker[***] a Bonn, von Staudt[****] a Erlangen. Möbius era anche un astronomo e diresse l'Osservatorio di Lipsia dal 1816 al 1868. Plücker consacrò alla Matematica solo la prima metà della sua attività (dal 1826 al 1846); in seguito, si dedicò alla Fisica sperimentale (dove le sue ricerche sono ben note) e ritornò agli studi geometrici solo alla fine della sua vita (1864-68).

La circostanza accidentale, che ognuno di questi tre personaggi abbia lavorato, come docente, in un circolo ristretto, ci ha fatto mettere in secondo piano lo sviluppo della Geometria moderna. Se si lascia l'ambito universitario, dobbiamo aggiungere il nome di Grassman[n][*****] di Stettino, il quale nella sua *Ausdehnungslehre* (1844 e 1862) concepì un sistema che comprende i risultati delle moderne speculazioni geometriche. In tutt'altro ordine d'idee, dobbiamo anche citare Hansen di Gotha, che rimane il più celebre rappresentante dell'Astronomia teorica.

Non si può però neppure tralasciare lo *sviluppo dell'insegnamento tecnico.* Verso la metà del secolo, si diffuse l'uso di chiamare nelle scuole politecniche, come professori, eminenti matematici. Ricordiamo, in primo luogo, Zurigo che, malgrado le frontiere politiche, può considerarsi parte del nostro quadro. In effetti, un certo numero di professori che hanno insegnato alla *Scuola politecnica* di Zurigo danno oggi fama alle Università tedesche. L'ideale fornito dall'*École* parigina, cioè la combinazione di insegnamenti matematici e tecnici, è così ritornato predominante. Un'influenza considerevole in questa direzione fu esercitata dai *corsi* di Redtenbacher sulla teoria delle macchine, che attiravano a Karlsruhe un numero sempre crescente di studenti entusiasti. La Geometria descrittiva e la cinematica vennero così elaborate scientificamente; Culmann[******], di Zurigo, con la creazione della statica grafica, introdusse in Meccanica e nella maniera più felice, i princìpi

---

[*] Johann Friedrich Pfaff (1765-1825).
[**] August Ferdinand Möbius (1790-1868).
[***] Julius Plücker (1801-1868).
[****] Karl Georg Christian von Staudt (1798-1867).
[*****] Hermann Gunther Grassmann (1809-1877).
[******] Karl Culmann (1821-1881).

della Geometria moderna. Con i progressi della scienza cui abbiamo accennato, si fondarono in Germania (verso il 1870 e negli anni successivi) numerose nuove Scuole politecniche e si riorganizzarono alcune di quelle più antiche. A Monaco e a Dresda, in particolare, conformemente all'esempio di Zurigo, si crearono delle sezioni speciali destinate alla preparazione dei docenti. Le Scuole politecniche hanno così acquistato una grande importanza per l'insegnamento matematico, come per il progresso scientifico.

Se ora si guarda, nel suo insieme, a tutto lo sviluppo della nostra disciplina, si arriva subito alla conclusione che in Germania, come altrove, il numero di coloro che si occupano seriamente di Matematica è cresciuto molto rapidamente e che, di conseguenza, la produzione matematica è aumentata in proporzioni enormi. Così Ohrtman e Müller, fondando a Berlino nel 1869 una rivista bibliografica annuale, *Die Fortschritte der Mathematik* (che è arrivata oggi al suo XXI volume) hanno reso un servizio di cui si sentiva un gran bisogno.

In conclusione, resta da dire qualcosa sullo sviluppo moderno dell'insegnamento universitario. Lo sforzo principale si è posto lo scopo di diminuire la difficoltà degli studi matematici, mediante il perfezionamento dei *seminari*. Non solo si sono fondate delle biblioteche speciali per i seminari, ma si sono anche messe delle sale di studio a disposizione degli studenti che desiderano accedere a quelle biblioteche. Si sono pure formate delle collezioni di modelli e sono stati attivati dei corsi di disegno, sempre allo scopo di ridurre l'ostilità verso l'eccessivo carattere astratto dell'insegnamento universitario.

E mentre gli studenti trovano ovunque incoraggiamenti allo studio specializzato, necessario allo sviluppo della nostra disciplina, nondimeno si vede crescere la tendenza a insistere sempre più sulla mutua dipendenza tra le diverse branche. Qui l'individuo può fare poco e sembra necessario il ricorso a una cooperazione attiva. È questa considerazione che, negli ultimi anni, ha portato alla fondazione della "Associazione matematica tedesca" (*Deutsche Mathematiker Vereinigung*). Il suo primo rapporto annuale, appena pubblicato, che comprende un'analisi dettagliata dello sviluppo della teoria degli invarianti e un catalogo completo di modelli e strumenti matematici, mostra già la direzione da seguire. Con i procedimenti di stampa di cui oggi si dispone, e con la pubblicazione via via crescente di nuove Memorie, è diventato quasi impossibile abbracciare nel loro insieme tutti i diversi campi della Matematica. Scopo dell'*Associazione* è dunque di raccogliere, sistematizzare, mantenere le comunicazioni in modo tale che il progresso scientifico non venga ritardato da difficoltà di ordine materiale. Ma il progresso stesso – in Matematica ancor più che nelle altre scienze – resta sempre conquista dell'individuo e ricompensa dei suoi sforzi.

Gottinga, gennaio 1893

Conferenza I
(*28 agosto 1893*)

Clebsch

Lo scopo di questi *Colloquia* sarà quello di passare in rassegna alcune delle fasi principali dello sviluppo più recente del pensiero matematico in Germania. Ho già dato un breve cenno della situazione delle Matematiche nelle Università tedesche, in questo secolo, nell'opera *Lo sviluppo delle Matematiche nelle Università tedesche*, edita dal professor Lexis (Berlin, Asher, 1893)[1] in occasione del contributo delle Università tedesche alla *Esposizione* di Chicago. Il punto di vista strettamente obiettivo, che ho adottato in quello scritto, mi impose di limitare di fatto l'esposizione al 1870. In queste conferenze, meno formali, abbandonerò le restrizioni di data e la prudenza valutativa. Più precisamente, mi occuperò del periodo che decorre dal 1870 e ne parlerò in un modo più soggettivo, insistendo sugli sviluppi della Matematica ai quali io stesso ho preso parte, sia con il mio lavoro che con la mia osservazione diretta.

Dedicherò la maggior parte della prima settimana alla Geometria, interpretando la parola nel senso più lato. In questa prima conferenza, converrà in particolare scegliere come figura centrale il celebre geometra Clebsch, che fu uno dei miei principali maestri e la cui opera del resto è molto nota nel vostro Paese.

In generale fra i matematici si possono distinguere tre grandi categorie, che si potrebbero caratterizzare con i nomi di *logici*, *formali* e *intuitivi*.

1° La parola *logico*, impiegata qui, non ha ovviamente alcun rapporto con la Logica matematica di Boole[*], Peirce[**] ecc. Serve soltanto a indicare che la forza principale degli uomini che fanno parte di questa categoria consiste nella loro potenza logica e critica e nella loro capacità di dare definizioni precise e di ottenerne deduzioni rigorose. La grande e benefica influenza esercitata in Germania in questa direzione da Weierstrass è ben nota.

---

[1] Cfr. il testo precedente.
[*] George Boole (1815-1864).
[**] Benjamin Osgood Peirce (1854-1914).

2° I matematici *formali* eccellono soprattutto nella trattazione *formale* e ricca di abilità di una data questione, che riducono ad un *algoritmo*. Gordan, o anche Cayley e Sylvester, vanno considerati all'interno di questa categoria.

3° Infine, al gruppo degli *intuitivi* appartengono coloro che insistono particolarmente sulla intuizione geometrica (*Anschaung*), non solo nella Geometria pura ma in tutti i campi della Matematica. Ciò che Benjamin Peirce ha chiamato "*geometrizzare* una questione matematica" sembra esprimere la stessa idea. Lord Kelvin e von Staudt possono considerarsi appartenere a questa categoria.

Si può dire che Clebsch appartenga sia alla seconda che alla terza categoria (io stesso mi classificherei nella terza e nella prima). Per questo motivo la mia analisi della sua opera sarà incompleta ma ciò non produrrà inconvenienti seri, perché la parte del suo lavoro caratterizzata dalla seconda categoria è già perfettamente apprezzata negli Stati Uniti. D'altra parte, la mia intenzione è quella di fornire, non una esposizione completa di un qualsivoglia argomento, ma piuttosto un *supplemento* che possa risultare utile relativamente alle idee matematiche che mi sembrano dominare in America.

Come primo e brillante risultato che dobbiamo a Clebsch, occorre citare l'introduzione in Germania del lavoro precedentemente svolto in Inghilterra da Cayley e Sylvester. Ma Clebsch non si limitò a trapiantare sul suolo tedesco la loro teoria degli invarianti e l'interpretazione della Geometria proiettiva per mezzo di questa teoria; stabilì anche, tra questa e le idee fondamentali della teoria riemanniana delle funzioni, una correlazione viva e feconda. Per quanto riguarda il primo di questi due ambiti, basti citare *Le lezioni sulla Geometria*[2], redatte e continuate da Lindemann, le *Forme algebriche binarie* e in generale tutto ciò che compose in collaborazione con Gordan[*]. Una buona analisi storica di questi lavori è reperibile nella biografia di Clebsch pubblicata nel tomo VII dei *Mathematische Annalen*.

La celebre Memoria[3] di Riemann[**] del 1857 presentò le nuove idee sulla teoria delle funzioni, in modo così sorprendente da impedirne l'accettazio-

---

[2] Tradotte da Benoist, 3 voll., Gauthier-Villars, Paris, 1879-1883. Un quarto volume è apparso successivamente in tedesco (Teubner, 1891).
[3] "Theorie der abelschen Functionen", *Journal de Crelle*, t. LIV (1857), pp. 115-155.
[*] Paul Albert Gordan (1837-1912).
[**] Bernhard Riemann (1826-1866).

ne immediata. Riemann basava la teoria degli integrali abeliani e delle loro funzioni inverse – le funzioni abeliane – sull'idea della superficie, così celebre oggi sotto il suo nome, e sui corrispondenti teoremi di esistenza. Clebsch, partendo da una curva algebrica definita da un'equazione, ha reso la teoria più accessibile ai matematici del suo tempo e vi ha aggiunto un interesse concreto grazie ai teoremi geometrici dedotti dalla teoria delle funzioni abeliane. La Memoria di Clebsch *Sulla applicazione delle funzioni abeliane alla Geometria*[4] e l'opera di Clebsch e Gordan sulle funzioni abeliane[5] sono ben note ai matematici statunitensi e, conformemente al mio progetto, mi limiterò solo a qualche nota critica.

Per quanto significativo sia il contributo di Clebsch (che ha facilitato l'accesso all'opera di Riemann da parte dei suoi contemporanei), credo che oggi il suo libro non possa essere più considerato come il trattato destinato a servire da classica introduzione allo studio delle funzioni abeliane. Le principali obiezioni alle esposizioni di Clebsch sono due: da una parte, la mancanza di rigore matematico e, d'altro lato, la presenza di alcune lacune relativamente all'intuizione e alla profondità dal punto di vista geometrico. Alcuni esempi chiariranno il mio pensiero.

a) Clebsch basa tutte le sue ricerche sulla considerazione di ciò che è per lui il tipo più generale di curva algebrica e suppone che questa curva *generale* possieda solo punti doppi e non ammetta altre singolarità. Per ottenere una fondazione solida della teoria, bisogna dunque provare che ogni curva algebrica può trasformarsi razionalmente in una curva avente solo punti doppi. Questa verifica non si trova in Clebsch; essa è stata data successivamente, dai suoi allievi e successori, ma con una dimostrazione lunga e complicata [si vedano le memorie di Brill e Nöther[*] nei *Math. Annalen*, vol. VII (1874)[6] e di Nöther, *ibidem*, vol. XXIII (1884)[7]].

Un difetto analogo si presenta nel caso del determinante dei periodi degli integrali abeliani. Questo determinante non si annulla mai, fintanto che la curva è irriducibile. Ma Clebsch e Gordan non lo provano – e ciò è un difetto – sebbene la dimostrazione sia semplice.

L'assenza di spirito critico, che notiamo nel lavoro di Clebsch, caratte-

---

[4] *Journal de Crelle*, t. LXIII (1864), pp. 189-243.
[5] *Theorie der abelschen Functionen*, Teubner, Leipzig, 1866.
[*] Alexander Brill (1842-1935); Max Noether (1844-1921).
[6] "Über die algebraischen Functionen und ihre Anwendung in der Geometrie", pp. 269-310.
[7] "Rationale Ausführung der Operationen in der Theorie der algebraischen Functionen", pp. 311-358.

rizza in realtà tutta l'epoca geometrica in cui visse (che è anche l'epoca di Steiner, tra gli altri). Ciò non sminuisce affatto il merito della sua opera, anche se l'influenza della teoria delle funzioni ha insegnato alla generazione attuale a mostrarsi più esigente.

b) La seconda obiezione è che, adottando il punto di vista di Riemann, molti punti della teoria diventano semplici e quasi evidenti, mentre nell'esposizione di Clebsch le stesse questioni non esplicano tutta la loro bellezza. Un esempio è dato dall'adozione del genere p. Nella teoria di Riemann, dove p rappresenta l'ordine di connessione della superficie, l'invariabilità di p rispetto ad ogni trasformazione razionale è evidente di per sé, mentre dal punto di vista di Clebsch la conservazione del genere deve essere provata mediante una lunga dimostrazione, che non mette in luce il vero e profondo significato geometrico di questo fatto.

Per questi motivi, mi sembra meglio cominciare la teoria delle funzioni abeliane dalle idee di Riemann, senza comunque trascurare di fornire in seguito gli sviluppi puramente algebrici. È questo il metodo che ho adottato nella mia Memoria sulle funzioni abeliane[8] e anche il metodo che ho seguito in *Die Elliptischen Modul-functionen*, voll. I e II, redatti dal Dr Fricke. Una esposizione generale dello sviluppo storico della teoria delle curve algebriche, sulla base delle idee di Riemann, si può invece trovare nel mio corso litografato: *Riemannsche Flächen*, tenuto nel 1891-1892[9].

Se si adotta questo indirizzo, è interessante seguire le vera relazione che gli sviluppi algebrici hanno con la teoria di Riemann. Così, nella teoria di Brill e Nöther, il cosiddetto *teorema fondamentale* di Nöther è di importanza capitale. Esso ci fornisce una regola che permette di decidere sotto quali condizioni una funzione algebrica razionale intera f di x e y può essere scritto nella forma:

$$f = A\Phi + B\Psi$$

dove Φ e Ψ sono ugualmente funzioni algebriche razionali. Ogni punto d'intersezione delle curve $\Phi=0$ e $\Psi=0$ deve evidentemente essere un punto della curva $f=0$. Ma resta ancora la questione dei punti multipli e singolari ed è questa questione che viene risolta dalla proposizione di Nöther. Ma come si presentano queste relazioni, quando il punto di partenza è dato dalle idee di Riemann?

---

[8] "Zur theorie der Abelschen Functionen", *Math. Annalen*, t. XXXVI (1890).
[9] I miei corsi litografati danno spesso un abbozzo dell'argomento, omettendo i dettagli e le lunghe dimostrazioni che lo studente deve recuperare con il lavoro personale e l'analisi delle Memorie originali.

Uno dei migliori esempi della loro utilità è dato dal notevolissimo progresso inaugurato recentemente da Hurwitz* nella teoria delle curve algebriche e in particolare dalla sua estensione della teoria delle trasformazioni algebriche, la cui esposizione si trova nel secondo volume degli *Elliptische Modul-functionen*. Cayley aveva scoperto, come teorema fondamentale della teoria, una regola che serviva a determinare il numero di punti che si corrispondono propriamente nelle trasformazioni algebriche semplici. Tutta una serie di preziose Memorie di Brill, pubblicate nei *Math. Annalen*[10], hanno per scopo proprio lo studio e la dimostrazione di questo teorema. Ora Hurwitz, attaccando il problema dal punto di vista di Riemann, arriva non solo ad una dimostrazione più semplice e molto generale della regola di Cayley ma ad uno studio completo di tutte le trasformazioni algebriche possibili. Trova che, mentre per le curve *generali*, le corrispondenze considerate da Cayley e Brill sono le sole esistenti, nel caso delle curve *singolari* ci sono altre corrispondenze che possono trattarsi in maniera completa. Queste curve singolari vengono allora caratterizzate da certe relazioni lineari a coefficienti interi tra i periodi dei loro integrali abeliani.

Passiamo ora a quell'aspetto del metodo di Clebsch che mi sembra il più importante e che si deve certamente considerare di grande e durevole valore. Parlo del modo in cui Clebsch ha generalizzato tutta la teoria delle funzioni abeliane, con l'estensione che ne ha fatta a una teoria delle funzioni algebriche di più variabili. Applicando i metodi che aveva sviluppato per le funzioni della forma $f(x, y)=0$, o se si impiegano le coordinate omogenee $f(x_1,x_2,x_3)=0$, alle funzioni di quattro variabili omogenee $f(x_1,x_2,x_3,x_4)=0$, scoprì nel 1868 che esiste un numero p che resta invariante rispetto a tutte le trasformazioni razionali della superficie $f=0$. Clebsch arriva a questo risultato considerando degli integrali doppi appartenenti alla superficie.

È evidente che non si sarebbe potuta elaborare questa teoria partendo dal punto di vista di Riemann. Non c'è difficoltà alcuna a concepire uno spazio riemanniano a quattro dimensioni, corrispondente ad un'equazione $f(x,y,z) = 0$. Ma sarebbe difficile dimostrare i "teoremi di esistenza" relativi a un tale spazio ed è addirittura dubbio che questi teoremi siano validi in uno spazio di tal genere.

L'idea fondamentale di questa grande generalizzazione è dovuta a Clebsch, ma l'elaborazione della teoria è stata lasciata ai suoi allievi ed ai

---

* Adolf Hurwitz (1859-1918).
[10] Si vedano in particolare: t. IV (1871), pp. 527-549; t. VI (1873), pp. 33-65; t. VII (1874), pp. 607-622; t. XXXI (1888), pp. 374-409 e t. XXXVI (1890), p. 321 e 360.

suoi successori. Il lavoro è stato fatto principalmente da Nöther, che nel caso delle superfici algebriche ha notato l'esistenza di più di un numero invariante p e di moduli corrispondenti, cioè di costanti che restano inalterate rispetto a trasformazioni biunivoche. Anche i matematici italiani e francesi (particolarmente Picard[*] e Poincaré) hanno contribuito largamente agli sviluppi successivi della teoria.

Se i meriti di uno scienziato vanno misurati non tanto per la sua attività in ogni direzione, ma sopratutto per le idee nuove e feconde che introduce per primo, la teoria in questione deve essere considerata come il lavoro di Clebsch che riveste il maggior valore.

Le idee generali esposte da Clebsch nella sua ultima Memoria hanno un intimo rapporto con quanto abbiamo finora visto e lo stesso Clebsch vi attribuiva grande importanza. La Memoria, se così posso esprimermi, costituisce una applicazione della teoria delle funzioni abeliane a quella delle equazioni differenziali. Si sa che il problema centrale di tutta la scienza matematica moderna è lo studio delle funzioni trascendenti, definite da equazioni differenziali. Ora Clebsch, guidato dall'analogia della sua teoria degli integrali abeliani con queste questioni, procede, considerando, per esempio, un'equazione differenziale ordinaria di primo ordine $f(x,y,y')=0$, dove f rappresenta una funzione algebrica. Se si tratta y' come terza variabile z, si ha l'equazione di una superficie algebrica. Come gli integrali abeliani possono classificarsi in base alle proprietà della curva fondamentale, che resta inalterata rispetto ad una trasformazione razionale, così Clebsch propone di classificare le funzioni trascendenti definite dalle equazioni differenziali in base alle proprietà invarianti delle superfici corrispondenti, rispetto a trasformazioni razionali bi-uniformi.

La teoria delle equazioni differenziali è oggi sviluppata in maniera molto estesa dai matematici francesi e alcuni di loro assumono giustamente come punto di vista proprio quello che Clebsch ha adottato per primo.

Nota bibliografica di M.L. Laugel

Per orientarsi nel dominio della geometria su una curva algebrica (e anche sulle superfici algebriche rigate) il lettore potrà consultare la monografia di [Corrado] Segre[**] "Introduzione alla geometria sopra un ente algebrico semplicemente infi-

---

[*] Emile Picard (1856-1941).
[**] Corrado Segre (1863-1924).

nito" (*Annali di Matematica*, serie 2, t. XXII, 1894); per la geometria su una superficie algebrica qualunque, può esaminare la monografia – interessante e molto completa – di [Guido] Castelnuovo e [Federigo] Enriques* "Sur quelques récentes résultats dans la théorie des surfaces algébriques" (*Mathematische Annalen*, t. XLVIII, 1896, pp. 242-316). Nelle due monografie si troverà anche la bibliografia completa sull'argomento, soprattutto dal punto di vista geometrico-algebrico, cioè dal punto di vista di Nöther e della brillante scuola dei geometri italiani. Si può anche citare un Memoria di [Eugenio] Bertini**, pubblicata nello stesso tomo degli *Annali di Matematica,* in cui compare la monografia di Segre. Naturalmente si studierà anche l'opera memorabile di Brill e Nöther citata nel testo.

Rispetto agli integrali multipli delle funzioni algebriche di più variabili, Volterra*** ha recentemente pubblicato "Un teorema sugli integrali multipli" (*Accademia reale delle Scienze di Torino*, t. XXXII, 1897). In questa notevole Memoria, Volterra comunica al lettore una lettera di Picard sull'argomento.

La Memoria è legata ad altre ricerche di Volterra sulle funzioni di più variabili, sui loro integrali e le funzioni di linea. Citiamo, tra l'altro, "Sopra un'estensione della teoria di Riemann sulle funzioni di variabili complesse" (*Accad. dei Lincei*, t. III, 1887, e IV, 1888) e "Sulle variabili complesse negli iperspazi" (*ibidem*, t. IV, 1890).

Come viene affermato nella già citata monografia di Castelnuovo ed Enriques, è soprattutto ai geometri francesi e in particolare a Picard e Poincaré che si devono i principali sviluppi dal punto di vista trascendente. I loro lavori sono apparsi per lo più nei *Comptes rendus* [de l'Académie des Sciences]. Dal punto di vista bibliografico, la maggior parte dei riferimenti si troverà nell'opera di Picard e Simart: *Théorie des fonctions algébriques de deux variables indépendantes* (Gauthier-Villars, 1897), di cui è appena uscito il primo volume. È superfluo segnalare l'importanza delle belle scoperte di Picard che vi sono esposte. Alcune sono state rapidamente analizzate dall'illustre geometra in una conferenza tenuta al Congresso internazionale dei matematici svoltosi a Zurigo nell'agosto 1897.

È facile rendersi conto che l'*Analysis situs* gioca un grande ruolo in queste questioni, come ha mostrato Picard nella sua Memoria premiata dall'*Institut* nel 1889. Riguardo all'*Analysis situs*, nel 1895 è apparsa una grande e fondamentale Memoria di Poincaré: "Analysis situs" (*Journal de l'École polytechnique*, série 2, cahier 1, 1895, pp. 1-121). Prima di affrontare lo studio di questa Memoria, è evidentemente necessario familiarizzarsi con i lavori di Riemann e studiare in particolare il frammento della sua opera postuma ed anche la celebre Memoria di

---

* Guido Castelnuovo (1865-1952); Federigo Enriques (1871-1946).
** Eugenio Bertini (1846-1933).
*** Vito Volterra (1860-1940).

Alfred Clebsch

I matematici al Congresso di Chicago del 1893 (dal basso e da sinistra a destra): J.E. Oliver, W.E. Story; W.B. Smith, H.S. White, F. Klein, H.W. Tyler, T.F. Holgate, A.G. Webster, C.A. Waldo, E. Study, J.M. Van Vleck, H.T. Eddy, J.B. Show, J. McMahon, J, Leinheksel; E.M. Blake, K.G. Keppel, F. Loud, H. Taber, O. Bolza, E.H. Moore, H. Maschke

Betti[11]. Si potranno utilmente consultare anche i lavori di W. Dyck[*] (*Math. Annalen*, 1888 e 1890). Nella prima di queste Memorie (*loc. cit.*, t. XXXII), si troverà in particolare una gran quantità di preziose indicazioni bibliografiche.

Rispetto al programma indicato nell'ultima Memoria scritta da Clebsch ci limiteremo a citare il bel *corso* di Painlevé: "Sur la théorie analytique des équations différentielles" (*Leçons professées à Stockholm*, Hermann, Paris, 1897).

---

[11] Cfr. E. Betti, "Sopra gli spazi di un numero qualunque di dimensioni", *Annali di Matematica pura e applicata*, vol. IV (1870-71), pp. 140-158.
[*] Waltert von Dyck (1856-1934).

Conferenza II
(*29 agosto 1893*)
Sophus Lie#

Per meglio comprendere tutto il genio matematico di Sophus Lie non ci si può limitare ai volumi che ha recentemente pubblicato con il Dr. Engel*, ma occorre studiare anche le Memorie dei primi anni della sua carriera scientifica. È lì che si rivela il grande geometra, che ha nome Sophus Lie. Nelle sue ultime pubblicazioni, invece, vedendo che non era perfettamente compreso dai matematici, più abituati al punto di vista analitico, ha adottato una trattazione molto generale basata sulla sola Analisi e che, peraltro, non è facile da seguire.

Fortunatamente ho avuto il vantaggio di essere iniziato da vicino alle idee di Lie in un'epoca molto antica, quando esse erano "allo stato nascente" (come dicono i chimici) e perciò suscettibili di indurre un'energica reazione.

Oggi vorrei intrattenervi soprattutto sulla Memoria "Sui complessi e in particolare i complessi di rette e di sfere e sulla loro applicazione alla teoria delle equazioni alle derivate parziali" (*Math. Annalen*, t. V, 1872, pp. 145-256).

Prima di definire il posto che la Memoria occupa nello sviluppo storico della Geometria, occorre dire qualcosa di due grandi geometri di un'epoca anteriore: Plücker (1801-1868) e Monge (1746-1818). Il nome di Plücker è ben noto a tutti i matematici per le sue formule relative alle curve algebriche. Ma ciò che è importante per il nostro argomento è la sua idea generalizzata dell'elemento di spazio. La Geometria ordinaria, in cui il punto si presenta come elemento, tratta lo spazio tridimensionale conformemente alle tre costanti che determinano la posizione di un punto. Una trasformazione duale dà come elemento il piano. In questo caso, lo spazio ha ancora tre dimensioni perché, nell'equazione di un piano, si presentano tre costanti indipendenti tra loro. Ma se si sceglie la retta come elemento di spazio,

---

Questa conferenza e la successiva sono state pubblicate anche nelle *Nouvelles Annales des Mathématiques* (gennaio 1896).
* Friedrich Engel (1861-1941).

questi deve considerarsi quadridimensionale perché una retta è determinata da quattro costanti indipendenti. E ancora, se si prende come elemento di spazio una quadrica F_2, lo spazio avrà nove dimensioni perché ogni elemento di questo tipo ha bisogno di nove costanti per la sua determinazione (le nove costanti, indipendenti tra loro, della superficie F_2). In altri termini lo spazio contiene ∞^9 quadriche. Questa concezione degli iperspazi deve essere accuratamente distinta da quella di Grassmann e di altri, dato che Plücker rigettava come troppo astratta ogni altra concezione di spazi a più di tre dimensioni. Il lavoro di Monge, importante per noi, è la sua *Application de l'Analyse à la Géométrie* (1809, nuova ed. 1850). È noto che vi vengono trattate le equazioni differenziali, alle derivate parziali e totali, di primo e secondo ordine con applicazioni a questioni geometriche quali la curvatura delle superfici, le loro linee di curvatura e le geodetiche, ecc. La trattazione dei problemi di Geometria con l'Analisi infinitesimale è una caratteristica dell'opera assieme comunque alla sua inversa, cioè l'applicazione dell'intuizione geometrica all'Analisi.

Questo è il carattere predominante dell'opera di Lie, che aumenta la potenza e la fecondità dell'approccio seguito adottando l'idea plückeriana di elemento di spazio generalizzato ed estendendo ancora questa concezione fondamentale.

Alcuni esempi serviranno a dare un'idea della portata del suo lavoro. Scelgo, come ho fatto altrove, la sua *Geometria delle sfere* (*Kugel-Geometrie*).

Prendendo l'equazione della sfera nella forma:

$$x^2 + y^2 + z^2 - 2Bx - 2Cy - 2Dz + E = 0,$$

i coefficienti B, C, D, E possono considerarsi come le coordinate della sfera e lo spazio ordinario si presenta allora come una varietà quadridimensionale. Quanto al raggio R della sfera, si ha:

$$R^2 = B^2 + C^2 + D^2 - E$$

con una relazione che lega la quinta grandezza R alle quattro coordinate B, C, D, E.

Per introdurre le coordinate omogenee, poniamo:

$$B = \frac{b}{a},\ C = \frac{c}{a},\ D = \frac{d}{a},\ E = \frac{e}{a},\ R = \frac{r}{a};$$

allora $a:b:c:d:e$ sono le cinque coordinate omogenee della sfera e la sesta grandezza r è legata alle precedenti dall'equazione di secondo grado:

$$r^2 = b^2 + c^2 + d^2 - ae. \tag{1}$$

Ora, la Geometria delle sfere è stata trattata con due metodi che vanno tenuti distinti l'uno dall'altro. Nel primo, che può chiamarsi la *geometria elementare delle sfere*, si impiegano solo le cinque quantità *a, b, c, d, e* mentre nell'altro, che chiamerò *geometria superiore delle sfere* o *di Lie*, si introduce anche la grandezza *r*. In quest'ultimo sistema, una sfera ha sei coordinate omogenee *a, b, c, d, e, r* legate tra loro dall'equazione (1).

Da un punto di vista più elevato, la distinzione tra queste due geometrie risalta meglio se si considera il *gruppo* che appartiene a ciascuna di esse. In effetti, qualunque sistema geometrico è caratterizzato dal suo gruppo, nel senso esposto nel mio *Programma di Erlangen*; cioè ogni sistema geometrico è caratterizzato da quelle relazioni spaziali che restano inalterate rispetto a tutte le trasformazioni del suo gruppo.

Per esempio, nella geometria odinaria delle sfere, il gruppo è formato da tutte le sostituzioni lineari delle cinque quantità *a, b, c, d, e* che lasciano inalterata l'equazione omogenea di secondo grado:

$$b^2 + c^2 + d^2 - ae = 0. \qquad (2)$$

Ciò fornisce $\infty^{25-13} = \infty^{12}$ sostituzioni. Adottando questa definizione, si ottengono trasformazioni puntiformi di carattere semplice. L'interpretazione geometrica dell'equazione (2) è che il raggio è nullo. Ogni sfera di raggio zero, cioè ogni punto, si trasforma così in un punto. Inoltre, la polare:

$$2bb' + 2cc' + 2dd' - ae' - a'e = 0$$

resta inalterata rispetto alla trasformazione; ne segue che le sfere ortogonali si trasformano in sfere ortogonali. Così il gruppo delle geometria elementare delle sfere è caratterizzato come *gruppo conforme*, che si sa essere quello che corrisponde alla trasformazione per inversione, cioè per raggi vettori reciproci, e che è ben noto per le sue applicazioni alla Fisica matematica.

Darboux[*] ha molto sviluppato la geometria elementare delle sfere. Ogni equazione di secondo grado:

$$F(a,b,c,d,e) = 0,$$

insieme alla relazione (2), rappresenta una superficie punteggiata cui Darboux ha dato il nome di *cyclide*. Dal punto di vista dell'abituale Geometria proiettiva, la *cyclide* è una superficie del quarto ordine che

---

[*] Gaston Darboux (1842-1917).

ammette una conica doppia speciale, il cerchio all'infinito. Uno studio dettagliato delle *cyclides* si può trovare nell'opera di Darboux: *Leçons sur la théorie générale des surfaces et les applications géométriques du calcul infinitésimal* e in altre sue Memorie[12].

Poiché le quadriche possono considerarsi come casi particolari di *cyclides*, si ottiene così anche un metodo di generalizzazione delle proprietà note delle quadriche. Così Bôcher, dell'Università di Harvard (Stati Uniti), nella sua dissertazione (*Sullo sviluppo in serie della teoria del potenziale*, Memoria premiata, Gottinga, Dietrich, 1891) ha trattato l'estensione di un problema della teoria del potenziale, relativo ad un corpo limitato da superfici di secondo grado, caso ben noto, considerando un corpo limitato da *cyclides*. Bôcher pubblicherà fra qualche mese una ampia opera sull'argomento[#].

Nella *Geometria superiore delle sfere* di Lie, le sei coordinate omogenee $a:b:c:d:e:r$ sono legate, come si è detto, dall'equazione omogenea di secondo grado:

$$b^2 + c^2 + d^2 - r^2 - ae = 0.$$

Il gruppo corrispondente scelto è quello delle sostituzioni lineari che trasformano l'equazione in se stessa. Si ha così un gruppo di $\infty^{36-21} = \infty^{15}$ sostituzioni. Ma non si tratta di un gruppo di trasformazioni puntiformi. In effetti, una sfera di raggio zero diventa una sfera il cui raggio, in generale, è differente da zero. Infatti, se si pone per esempio:

$$B' = B,\ C' = C,\ D' = D,\ E' = E,\ R' = R + \text{cost.},$$

si vede che la trasformazione consiste in una semplice dilatazione di ogni sfera, un punto diventando una sfera di raggio dato.

Il significato del fatto che l'equazione polare:

$$2bb' + 2cc' + 2dd' - ae' - a'e = 0$$

resta invariante per ogni trasformazione del gruppo è evidentemente che le sfere originariamente a contatto restano a contatto. Il gruppo appartiene dunque a quella classe notevole di *trasformazioni* dette *per contatto,* che andremo a considerare con maggior dettaglio.

---

[12] In particolare, *Sur une classe remarquable des courbes et surfaces algébriques et sur la théorie des imaginaires*, 2a ed., 1896, Hermann, Paris.

[#] Maxime Bôcher, *Sur les dévelopements en série dans la Théorie du potentiel* (con prefazione di Félix Klein), Leipzig Teubner, 1894.

Quando si studia una geometria speciale, come per esempio la geometria delle sfere di Lie, si presentano due metodi.

1° Si possono considerare equazioni di gradi differenti e chiedersi cosa rappresentino. Dedicandosi a queste ricerche, quando dovette creare una terminologia relativa alle diverse figure così ottenute, Lie fece uso delle designazioni introdotte da Plücker nella sua geometria della retta. Così, una sola equazione:

$$F(a,b,c,d,e,r) = 0$$

è detta rappresentare *un complesso* del primo, secondo, ecc. ordine, al variare del grado dell'equazione. Un complesso comprende dunque ∞^2 sfere. Due equazioni simili:

$$F_1 = 0, \ F_2 = 0$$

rappresentano *una congruenza* comprendente ∞^2 sfere. Si può dire che tre equazioni:

$$F_1 = 0, \ F_2 = 0, \ F_3 = 0$$

rappresentano un sistema di ∞^1 sfere. Occorre, del resto, non dimenticare che in ogni caso è sottinteso che l'equazione di secondo grado:

$$b^2 + c^2 + d^2 - r^2 - ae = 0$$

va combinata con l'equazione $F = 0$ e che altri autori, in quella che ho chiamata la geometria elementare delle sfere, usano lo stesso linguaggio in un senso però differente.

2° Un altro filone di indagini, che si presenta quando si studia una nuova geometria, si chiede come potranno ora trattarsi le ordinarie figure della geometria punteggiata. Questa linea di ricerca ha condotto Sophus Lie a risultati estremamente interessanti.

Nella Geometria ordinaria si concepisce una superficie come luogo di punti; in quella di Lie, la superficie appare come l'insieme di tutte le sfere aventi un contatto con la superficie. Ciò fornisce una triplice infinità di sfere o un complesso di sfere:

$$F(a,b,c,d,e,r) = 0.$$

Naturalmente non si tratta di un complesso *generale*, perché ogni complesso non ha necessariamente un contatto con una superficie, anzi si è dimostrato che condizione necessaria perché tutte le sfere di un complesso siano tangenti ad una superficie è che sia soddisfatta la seguente condizione:

$$\left(\frac{\partial F}{\partial b}\right)^2 + \left(\frac{\partial F}{\partial c}\right)^2 + \left(\frac{\partial F}{\partial d}\right)^2 - \left(\frac{\partial F}{\partial r}\right)^2 - \frac{\partial F}{\partial a}\frac{\partial F}{\partial e} = 0.$$

Per dare almeno un esempio relativo allo sviluppo di questa interessante teoria citerò qui il fatto che, tra le infinite sfere tangenti alla superficie in un punto qualunque, ce ne sono due aventi un contatto *stazionario* con la superficie. Esse sono dette *le sfere principali*. Le linee di curvatura della superficie possono allora definirsi come curve lungo le quali le sfere principali sono tangenti alla superficie in due punti consecutivi.

La geometria della retta di Plücker può studiarsi in base ai due metodi indicati. Se in questa geometria indichiamo con $p_{12}, p_{13}, p_{14}, p_{34}, p_{42}, p_{23}$ le sei coordinate omogenee abituali, con $p_{ik} = p_{ki}$, avremo l'identità:

$$p_{12} p_{34} + p_{13} p_{42} + p_{14} p_{23} = 0,$$

e prenderemo come gruppo le ∞^{15} sostituzioni lineari che trasformano questa equazione in se stessa. Questo gruppo corrisponde all'insieme totale delle collineazioni e delle *inversioni* (trasformazioni per raggi vettori reciproci); in altre parole, corrisponde al gruppo proiettivo in quanto l'equazione polare:

$$p_{12} p'_{34} + p_{13} p'_{42} + p_{14} p'_{23} + p_{34} p'_{12} + p_{42} p'_{13} + p_{23} p'_{14} = 0$$

esprime l'intersezione delle due rette p e p'.

Ora, Lie ha stabilito un confronto del più alto interesse tra la geometria plückeriana della retta e la propria geometria delle sfere. In ciascuna di queste geometrie si presentano sei coordinate omogenee, che sono rispettivamente legate fra loro da un'equazione omogenea di secondo grado. Il discriminante di ogni equazione è diverso da zero. Di conseguenza, si può passare dall'una all'altra delle due geometrie mediante sostituzioni lineari. Così, per trasformare:

$$p_{12} p_{34} + p_{13} p_{42} + p_{14} p_{23} = 0$$

in:

$$b^2 + c^2 + d^2 - r^2 - ae = 0,$$

basta, per esempio, porre:

$$p_{12} = b + ic, \quad p_{13} = d + r, \quad p_{14} = -a,$$
$$p_{34} = b - ic, \quad p_{42} = d - r, \quad p_{23} = e.$$

Dal carattere lineare di queste sostituzioni segue che le equazioni polari sono similmente trasformate l'una nell'altra. Abbiamo così questo notevole risultato: *due sfere, tangenti tra loro, corrispondono a due rette che si intersecano*.

Non è inutile notare che le equazioni di trasformazione comprendono l'unità immaginaria *i*; la legge conosciuta come *legge d'inerzia delle forme quadratiche* indica immediatamente che tale introduzione dell'immaginario non è soltanto inevitabile, ma anche essenziale.

Per dare un'idea della portata di questa trasformazione della geometria della retta in geometria delle sfere, e viceversa, si considerino tre equazioni lineari:

$$F_1 = 0, \ F_2 = 0, \ F_3 = 0,$$

le variabili essendo coordinate sia delle rette che delle sfere. Nel primo caso, le tre equazioni rappresentano un *sistema di rette*, cioè uno dei due sistemi di rette generatrici di un iperboloide a una falda. Si sa bene che ogni retta di uno dei due sistemi taglia tutte le rette dell'altro. Passando alla geometria delle sfere, si ottiene un *sistema di sfere* corrispondente a ogni sistema di rette, dove ogni sfera di uno dei due sistemi è necessariamente tangente a tutte le sfere dell'altro. Siamo in presenza di una figura ben nota in Geometria da altri studi: tutte quelle sfere sono l'inviluppo di una superficie celebre sotto il nome di *cyclide di Dupin*[*]. Si è così trovata una correlazione notevole tra questa[**] e l'iperboloide ad una falda.

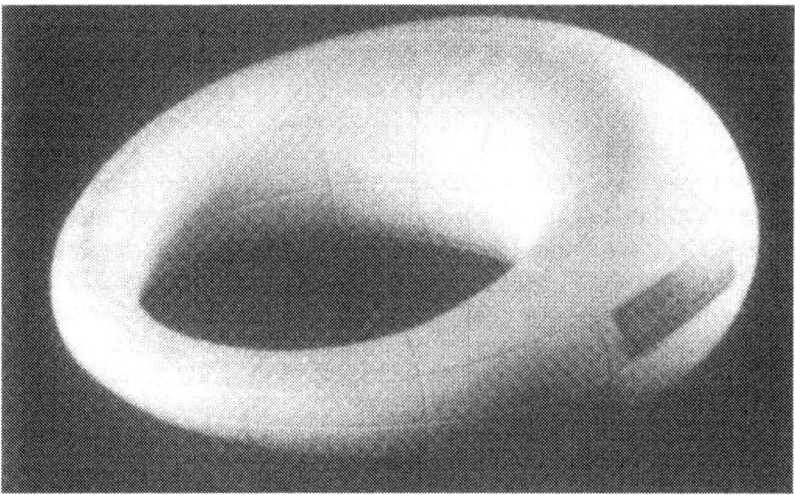

Modello di una ciclide di Dupin

---

[*] Pierre Charles François Dupin (1784-1873).
[**] Le *cyclides* di Dupin sono caratterizzate dalla proprietà che le loro linee di curvatura sono cerchi. La figura sopra rappresentata mostra un modello che evidenzia appunto le linee di curvatura di una *cyclide* di Dupin. Su tutto l'argomento, cfr. la penetrante indagine di [Rowe 1989] e in particolare il paragrafo 6 ("Lie's line-to-sphere transformation").

Sophus Lie

L'esempio forse più sorprendente della fecondità di queste ricerche di Lie è la sua bella scoperta che, con l'aiuto di questa trasformazione, alle linee di curvatura di una superficie corrispondono le linee asintotiche della superficie trasformata, e viceversa. Il risultato è immediato quando si prenda la definizione data qui sopra per le linee di curvatura e la si traduca termine a termine, nel linguaggio della geometria della retta. Così si dimostra – è uno de contributi più eleganti alla Geometria differenziale della nostra epoca – che due problemi di Geometria differenziale, a lungo considerati completamente distinti, sono in realtà lo stesso problema.

Conferenza III
(*30 agosto 1893*)
Sophus Lie

La distinzione tra funzioni analitiche e algebriche, così importante in Analisi pura, si presenta anche negli studi geometrici.

Le funzioni *analitiche* sono quelle che si possono rappresentare in serie di potenze, che convergono in una certa regione avente per contorno la circonferenza del cerchio detto *di convergenza*. Al di fuori di tale regione, la funzione analitica non è considerata data *a priori*; il suo prolungamento a regioni più estese è oggetto di ricerche speciali e può condurre a risultati molto differenti a seconda del caso particolare considerato.

D'altra parte, una funzione *algebrica* $w = Alg.(z)$ è supposta nota in tutto il piano della variabile complessa e possiede un numero finito di valori per ogni valore di z.

Analogamente, in Geometria si può concentrare tutta l'attenzione su una porzione limitata di curva analitica o di superficie, occupandosi per esempio della costruzione della tangente, della valutazione della curvatura, ecc. oppure si può considerare l'estensione totale delle curve e delle superfici algebriche.

Quasi tutte le applicazioni del Calcolo differenziale e integrale alla Geometria appartengono al primo di questi due approcci. Dal momento che oggi tratteremo principalmente proprio questo, non c'è motivo di limitarci strettamente alle funzioni algebriche ma potremo considerare funzioni analitiche più generali (sempre, beninteso, limitandoci a porzioni finite di spazio). Ho ritenuto utile questa precisazione, una volta per tutte, perché mi sembra che negli Stati Uniti è stata finora forse troppo predominante la considerazione delle curve algebriche.

Nella conferenza precedente ho mostrato la possibilità d'introdurre nuovi elementi spaziali. Anche oggi impiegherò un elemento nuovo, che consiste in una porzione infinitesima di superficie (o piuttosto del piano tangente a questa superficie). Lo si chiama, impropriamente, *elemento di superficie* e lo si può paragonare, per esempio, ad una squama di pesce infinitamente piccola. Da un punto di vista più astratto, lo si può definire più semplicemente come la combinazione di un piano e di un punto su esso.

Dal momento che l'equazione di un piano passante per un punto (x,y,z) può scriversi nella forma:

$$z'-z = p(x'-x) + q(y'-y),$$

x', y', z' designando le coordinate correnti, si avranno x,y,z,p,q come coordinate del nostro elemento di superficie, di modo che lo spazio si presenti come una varietà di cinque dimensioni. Se si usano le coordinate omogenee, il punto (x_1,x_2,x_3,x_4) e il piano (u_1,u_2,u_3,u_4) passante per quel punto sono legati dalla relazione:

$$x_1u_1 + x_2u_2 + x_3u_3 + x_4u_4 = 0,$$

che esprime la loro posizione associata; il numero delle costanti indipendenti tra loro è *3+3-1 = 5*.

Esaminiamo allora il ruolo della Geometria usuale in questa rappresentazione.

Un punto, essendo il luogo di tutti gli elementi di superficie che passano per esso, è rappresentato come una varietà a due dimensioni; diciamo – per brevità – una M_2. Una curva è rappresentata dalla totalità di tutti gli elementi di superficie che hanno i loro punti sulla curva e i cui piani contengono la tangente alla curva in questi punti. Questi elementi formano ancora una M_2. Infine, una superfcie è data da quegli elementi di superficie che hanno i loro punti sulla superficie e i cui piani coincidono con i piani tangenti alla superficie in quei punti. Questi elementi formano ancora una M_2.

Infine, tutte queste M_2 hanno in comune una proprietà molto importante. Due elementi di superficie consecutivi, che appartengano rispettivamente allo stesso punto, curva o superficie, soddisfano sempre la condizione:

$$dz - pdx - qdy = 0$$

caso semplice di una relazione *di Pfaff*; inversamente, se due elementi di superficie soddisfano questa condizione, appartengono allo stesso punto, curva o superficie a seconda dei rispettivi casi.

Abbiamo così il risultato estremamente interessante che, nella geometria degli elementi di superficie, i punti (come anche le curve e le superfici) hanno in comune una stessa classificazione, essendo tutti rappresentati dalle varietà bidimensionali che godono della proprietà già citata. Questa definizione è tanto più importante nella misura in cui non esistono altre M_2 che godano di questa proprietà.

Passiamo ora a quel tipo molto generale di trasformazioni, cui Lie diede il nome di *trasformazioni per contatto*. Sono le corrispondenze che cambiano il nostro elemento (x,y,z,p,q) in (x',y',z',p',q'), per effetto delle sostituzioni:

$$x' = \varphi(x, y, z, p, q),$$
$$y' = \psi(x, y, z, p, q),$$
$$z' = \ldots\ldots\ldots\ldots,$$
$$p' = \ldots\ldots\ldots\ldots,$$
$$q' = \ldots\ldots\ldots\ldots,$$

che trasformano in sé l'equazione differenziale lineare di Pfaff:

$$dz - pdx - qdy = 0.$$

L'interpretazione geometrica della trasformazione è che, per effetto di essa, ogni M_2 avente la proprietà data è trasformata in una M_2 che gode della stessa proprietà. Così, per esempio, una superficie si trasforma generalmente in una superficie o, in casi particolari, in un punto o in una curva. Si considerino, inoltre due varietà M_2 aventi un contatto, aventi cioè un elemento di superficie in comune; esse verranno cambiate dalla trasformazione in due altre M_2 aventi tra loro un contatto. Si capisce bene, dall'esempio, perché Lie abbia scelto la denominazione, ormai classica, di trasformazione per contatto.

Le trasformazioni per contatto sono talmente importanti e si presentano così frequentemente che alcuni casi particolari avevano già da tempo attirato l'attenzione dei geometri, ma non con questo nome e nemmeno con il punto di vista espresso da questo nome, sicché la loro reale e profonda portata veniva ignorata.

Io ho dato numerosi esempi di trasformazioni per contatto nel mio *Corso di geometria superiore* [litografato] tenuto a Gottinga nel semestre invernale del 1892-93.

Così nel dominio bidimensionale si incontra un esempio interessante, relativo al problema degli ingranaggi di ruote dentate. Dato il profilo del dente di una ruota, si chiede di trovare il profilo dell'altro. Ho parlato di questo problema in una conferenza fatta all'*Esposizione di Chicago*, trattandolo con l'aiuto di modelli inviati all'*Esposizione* dalle Università tedesche.

Citerò ancora un altro esempio che si incontra in Astronomia, nella teoria delle perturbazioni. Il metodo della variazione dei parametri, esposto da Lagrange nel problema dei tre corpi, è equivalente ad una trasformazione per contatto in uno spazio il cui numero di dimensioni è più elevato.

Il gruppo di ∞^{15} sostituzioni, trattato nella prima parte di questa conferenza, è anch'esso un gruppo di trasformazioni per contatto, le collineazioni e le trasformazioni per raggi vettori reciproci avendo entrambe tale carattere. Le ultime danno il primo esempio, ben noto, della trasformzione di un punto in un piano (cioè una superficie) e di una curva in una sviluppabile (cioè ancora una superficie). Queste trasformazioni di curve devono considerarsi qui come trasformanti gli *elementi* dei punti o delle curve negli *elementi* della superficie.

Infine abbiamo esempi di trasformazioni per contatto, non solo nelle trasformazioni delle sfere discusse nella precedente conferenza, ma anche in tutto il percorso che conduce dalla geometria plückeriana a quella delle sfere di Lie.

Consideriamo quest'ultimo caso con maggior dettaglio.

In primo luogo, due rette che si tagliano hanno evidentemente in comune un elemento di superficie e, dal momento che le due sfere corrispondenti devono anch'esse avere in comune un elemento di superficie, esse avranno un contatto, che è proprio il caso della nostra trasformazione. Sarà interessante considerare più da vicino la correlazione tra gli elementi di superficie di una retta e quelli di una sfera, benché sia data da formule contenenti l'immaginario. Si prenda, per esempio, la totalità degli elementi di superficie appartenenti ad una circonferenza su una delle sfere; possiamo chiamarla *sistema circolare di elementi*. Nella geometria della retta abbiamo, come caso corrispondente, il sistema di elementi della superficie situati lungo una generatrice di una superficie sghemba, e così via. Il teorema relativo alla trasformazione delle linee di curvatura in linee asintotiche diventa ora – per così dire – autoevidente. In luogo della linea di curvatura di una superficie, dobbiamo qui considerare gli elementi corrispondenti della superficie che potremo chiamare *sistema di curvatura*. In maniera analoga, una linea asintotica è sostituita dagli elementi della superficie situati lungo questa linea; potremo chiamarla *sistema osculatore*.

La corrispondenza tra i due sistemi è evidente se si riflette sul fatto che due elementi consecutivi di un sistema di curvatura appartengono ad una stessa sfera, mentre due elementi consecutivi di un sistema osculatore appartengono ad una stessa retta.

Una delle applicazioni più importanti delle trasformazioni per contatto si incontra nella *teoria delle equazioni alle derivate parziali*. Mi limiterò qui a quelle del primo ordine. Dal nuovo punto di vista, la teoria acquista un grado di profondità prima sconosciuto e il vero significato delle parole *soluzione, soluzione generale, completa, singolare* (introdotte da Lagrange e Monge) diventa molto più chiaro.

Si consideri l'equazione alle derivate parziali del primo ordine:

$$f(x, y, z, p, q) = 0.$$

Nella teoria classica si distingue a seconda del modo con cui p e q si presentano nell'equazione. Così, quando p e q sono soltanto di primo grado, l'equazione è detta *lineare*; se p e q mancassero entrambi, la stessa equazione non si considererebbe più come equazione differenziale. Dal punto di vista, più elevato, della nuova geometria di Lie, queste distinzioni – come vedremo – spariscono completamente.

Il numero degli elementi di superficie, in tutto lo spazio, è evidentemente ∞^5. Scrivere la nostra equazione differenziale significa scegliere e isolare, fra questi elementi, una varietà quadridimensionale M_4 di ∞^4 elementi. Ora, trovare una *soluzione* dell'equazione, nel senso di Lie, significa scegliere ulteriormente in questa M_4, isolando una varietà M_2 che goda della proprietà caratteristica; che questa M_2 sia punto, curva o superficie è cosa da considerare qui come assolutamente trascurabile. Ciò che Lagrange chiama *soluzione completa* consiste nel dividere la varietà M_4 in ∞^2 varietà M_2, dove naturalmente la suddivisione può essere realizzata in un numero infinito di modi. Infine, se fra queste ∞^2 varietà M_2 si prende un sistema qualunque semplicemente infinito, l'inviluppo del sistema rappresenta ciò che Lagrange chiama *soluzione generale*. Né sfugge il fatto che queste definizioni rimangono valide, in maniera del tutto generale, per *tutte* le equazioni alle derivate parziali del primo ordine, anche per le loro forme più particolari.

Vado ora a mostrare con un esempio, in che senso un'equazione $f(x,y,z)=0$ possa considerarsi come un'equazione alle derivate parziali e cosa si intenda allora per le diverse soluzioni. Prendiamo il caso molto particolare $z=0$. Mentre, nell'abituale sistema di coordinate, tale espressione rappresenta tutti i *punti* del piano (x, y), nel sistema di Lie essa rappresenta gli *elementi* (di superficie) i cui punti appartengono al piano. Non c'è nulla di più semplice che assegnare in questo caso una *soluzione completa*. Basta prendere gli stessi ∞^2 punti del piano, ogni punto rappresentando una M_2 relativa all'equazione. Per dedurne la *soluzione generale,* si devono prendere tutti i sistemi di punti del piano in numero semplicemente infinito, cioè una curva qualsiasi, e formare l'inviluppo degli elementi di superficie appartenente ai punti; in altri termini, si devono prendere gli elementi che hanno un contatto con la curva. Infine, è evidentemente il piano stesso che rappresenta una *soluzione singolare*.

L'immensa importanza e l'interesse essenziale di questo semplice esempio stanno nella circostanza che, mediante una trasformazione per contatto, ogni equazione alle derivate parziali del primo ordine può scriversi in una forma così semplice, quale $z=0$. Così tutta la classificazione delle soluzioni, che abbiamo delineato a grandi linee, resta valida in maniera del tutto generale.

Con l'aiuto della teoria di Lie, si è dunque ottenuta una rivisitazione nuova e più profonda del significato di problemi considerati da moltissimo tempo come classici, e contemporaneamente, è nata una immensa moltitudine di problemi nuovi che hanno trovato in questo modo soluzione.

Ricordo altresì che Lie è pervenuto a risultati molto importanti, applicando princìpi analoghi alle equazioni alle derivate parziali del secondo ordine.

Oggi, Lie è celebre soprattutto per la sua teoria dei gruppi continui di trasformazioni. Poiché a primo acchito potrebbe sembrare che vi siano pochi rapporti tra questa teoria e le considerazioni geometriche che hanno attirato la nostra attenzione nelle due ultime conferenze, credo sia opportuno farvi notare la correlazione fra questi studi.

Fin dall'inizio lo scopo ultimo, perseguito con tanto successo da Sophus Lie, è stato lo sviluppo della teoria delle equazioni differenziali. Da tale punto di vista si possono capire altrettanto bene sia gli sviluppi geometrici, che abbiamo indicato, sia la teoria dei gruppi continui.

Per maggiori dettagli sugli argomenti di questa conferenza (e delle prime due) rinvierò al mio *corso* già citato: *Geometria superiore* (Gottinga, 1892-93). La teoria degli elementi di superficie è stata sviluppata in maniera completa nel secondo volume della *Teoria dei gruppi di trasformazione* di Lie e Engel (Leipzig, Teubner, 1890).

Nota bibliografica di M.L. Laugel alle Conferenze II e III

Il tomo III dell'opera di Lie e Engel è apparso nel 1893; il tomo I dell'opera di Lie e Scheffers[*], *Theorie der Berührungstransformationen*, è stato pubblicato anch'esso dalla libreria Teubner nel 1896.

Sulle equazioni alle derivate parziali, i metodi di Lie ecc., si hanno in Francia le meravigliose opere, ormai classiche, di Goursat[**]: *Leçons sur l'intégration des équations aux dérivées partielles du premier ordre*, Hermann, Paris, 1891; *Leçons sur l'intégration des équations aux dérivées partielles du second ordre*, Paris, 1896, t. I già apparso.

Si confronti anche E. Delassus: *Leçons sur la théorie analytique des équations aux dérivées partielles du premier ordre*, Hermann, Paris, 1897 (estratto dalle *Mémoires de la Soc. royale des sciences de Liège*, 2ª serie, t. XX). Se ne troverà un'analisi nel *Bulletin de M. Darboux*, s. 2, t. XXI, 1897.

---

[*] Georg Wilhelm Scheffers (1866-1945).
[**] Édouard Jean-Baptiste Goursat (1858-1936).

Conferenza IV
(31 agosto 1893)

Sulla vera forma delle curve e delle superfici algebriche

Passiamo ora alle funzioni *algebriche* e consideriamo in particolare la questione connessa alle figure geometriche corrispondenti a tali funzioni. Le questioni relative alla vera esistenza di figure geometriche, e alla forma attuale delle curve e delle superfici algebriche sono state a lungo trascurate. Non si spiegherebbe altrimenti perché il rapporto tra la teoria della metrica proiettiva di Cayley, per esempio, e la Geometria non euclidea non sia stato scoperto subito. Dal momento che queste problematiche sono ancora oggi meno note di quanto meritino, vado a presentarvi un breve cenno storico dell'argomento senza alcuna pretesa di completezza.

Tra i titoli di gloria di sir Isaac Newton vanno sicuramente annoverate le ricerche che realizzò, per primo, sulle curve piane del terzo ordine. La sua *Enumeratio linearum tertii ordinis*[1] mostra una concezione molto chiara della Geometria proiettiva, sostenendo che con la prospettiva, tutte le curve di terzo ordine si possono dedurre da cinque tipi fondamentali. Ma io desidero richiamare la vostra attenzione soprattutto sulla Memoria di Möbius, *Über die Grundformen der Linien der dritten Ordnung*[2], in cui le forme delle cubiche sono dedotte con considerazioni puramente geometriche. Per la notevole eleganza del metodo impiegato, questa Memoria diede impulso a tutte le ricerche successive che avrò occasione di citare in questa direzione.

A Gottinga, nel 1872, consideravamo la questione dal punto di vista della forma delle superfici del terzo ordine. Come caso particolare, Clebsch

---
[1] Pubblicata per la prima volta nel 1704 come Appendice all'*Ottica*.
[2] La Memoria, del 1852, è ristampata nelle sue *Opere*, t. III (1886), pp. 89-176.

costruì allora il bel modello della superficie diagonale con *27* rette reali, che ho mostrato all'*Esposizione*. L'equazione di tale superficie può scriversi sotto la semplice forma:

$$\sum_1^5 x_i = 0, \quad \sum_1^5 x_i^3 = 0,$$

che mostra come la superficie possa trasformarsi in se stessa con le *120* permutazioni degli x^i.

Possiamo enunciare qui la regola generale per cui, quando si sceglie un caso particolare in vista della costruzione di un modello, la prima condizione che si richiede è la regolarità. Se per modello si sceglie una forma simmetrica, non solo l'esecuzione ne resta semplificata ma anche il carattere del modello – elemento ancora più importante – si imprimerà più facilmente nello spirito.

Sotto l'impulso di questa ricerca di Clebsch, affronterò allora il problema generale consistente nel determinare tutte le forme possibili di superfici cubiche[3]. Mediante il principio di continuità, ho stabilito che tutte le forme di superfici reali del terzo ordine possono dedursi dalla particolare superficie che possiede quattro punti conici reali. Ho mostrato questa superficie a Chicago, indicando come se ne possa dedurre la superficie diagonale. Ma il fatto decisamente più importante è che la classificazione che si ottiene con il mio punto di vista è completa; in effetti, sarebbe un risultato relativamente modesto quello di poter dedurre un numero di forme speciali, per quanto grande, se non si provasse che il metodo impiegato esaurisce l'argomento. In seguito, modelli tipici di tutte le forme principali delle superfici cubiche sono stati costruiti da Rodenberg per la *Collezione* di Brill.

Nel tomo[4] VII dei *Math. Annalen* (1874), Zeuthen[*] ha discusso le diverse forme delle curve piane (C_4) del quart'ordine. In particolare, considera le bitangenti a queste curve dal punto di vista della loro realtà. Di tali tangenti ve ne sono *28*. Sono tutte reali quando la curva è chiusa da quattro porzioni chiuse separate. Un interesse molto particolare lega le ricerche di Zeuthen sulle quartiche piane con le mie ricerche sulle superfici cubiche, come le

---

[3] Cfr. la mia Memoria: "Über Flächen dritter Ordnung", *Math. Ann.*, t. VI (1873), pp. 551-581.
[4] "Sur les différentes formes des courbes planes du quatrième ordre", pp. 410-432.
[*] Hieronymus Georg Zeuthen (1839-1920).

espone lo stesso Zeuthen⁵. Geiser* aveva già sottolineato che, proiettando sul piano una superficie cubica (il punto di vista appartenendo alla superficie), il contorno della proiezione è una quartica e inoltre ogni quartica può generarsi in tal maniera. Se si sceglie una superficie avente quattro punti conici, la quartica risultante possiede quattro punti doppi; cioè si spezza in due coniche. La considerazione delle parti ombreggiate della figura mostra facilmente, in base al principio di continuità, come ottenere le quattro ovali della quartica.

Gli sforzi per estendere questa applicazione del principio di continuità, in modo da ottenere un'idea della forma delle curve dell'n^{mo} ordine, sono stati finora infruttuosi, almeno limitatamente alla classificazione generale e alla enumerazione di tutte le forme fondamentali. Ugualmente si è arrivati a qualche risultato importante. Si devono citare a questo proposito una Memoria⁶ di Harnack** e un'altra⁷ più recente di Hilbert***. Harnack ha trovato che il numero massimo di rami separati di una curva è $p+1$, dove p designa il genere della curva; inoltre una curva con $p+1$ rami esiste effettivamente. La Memoria di Hilbert comprende un gran numero di risultati particolari e interessanti; la loro natura ci impedisce però di parlarne in questa sede.

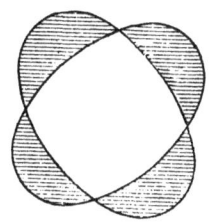

Io stesso ho scoperto una relazione curiosa tra i numeri delle singolarità reali⁸. Si indichi con n l'ordine della curva, con k la sua classe e si considerino solo singolarità semplici. Si possono allora avere tre specie di punti doppi: per esempio, d' punti doppi ordinari reali, d'' punti doppi reali isolati e inoltre punti doppi immaginari; possono poi aversi r' punti reali di regresso [rebroussement] e inoltre regressi immaginari; similmente, per il principio di dualità, possia-

---

⁵ "Étude sur les propriétés de situation des surfaces cubiques", *Math. Annalen*, t. VIII, pp. 1-30.
* Carl Friedrich Geiser (1843-1934).
⁶ "Über die Vielteiligkeit der ebenen algebraischen Curven", *Math. Annalen*, t. X (1876), pp. 189-198.
** Carl Gustav Axel Harnack (1851-1888).
*** David Hilbert (1862-1943).
⁷ "Über die reellen Züge algebraischer Kurven", *Math. Annalen*, t. XXXVIII (1891), pp. 115-138.
⁸ "Eine neue Relation zwischen den Singularitäten einer algebraischen Kurve", *Math. Annalen*, t. X (1876), pp. 199-209.

mo avere t' bitangenti reali ordinarie, t'' bitangenti reali isolate e inoltre bitangenti immaginarie; infine w' inflessioni reali e inoltre inflessioni immaginarie. Si può allora dimostrare, per mezzo del principio di continuità, che deve valere la relazione:

$$n + w' + 2t'' = k + r' + 2d''.$$

Questa legge generale è tutto quello che sappiamo sulle curve del terzo e del quarto ordine. Essa è stata estesa, ma fino ad un certo punto e in senso più algebrico, da diversi autori. Inoltre Brill, nel tomo XVI dei *Math. Annalen* (1880) ha mostrato come essa vada modificata quando si presentano singolarità di ordine più alto.

Per quanto concerne le superfici quartiche, Rohn[*] ha studiato un numero enorme di casi particolari, ma non è pervenuto ad una enumerazione completa. Tra le superfici particolari del quart'ordine, quella di Kummer con *16* punti conici è una delle più importanti[**]. I modelli costruiti da Plücker, in correlazione con la sua teoria dei complessi di rette, rappresentano tutti casi particolari della superficie di Kummer. Alcuni tipi di questa superficie sono anche compresi nella *Collezione* di Brill. Ma tutti questi modelli sono oggi diventati di minore importanza, dopo che Rohn ha trovato il seguente risultato più generale.

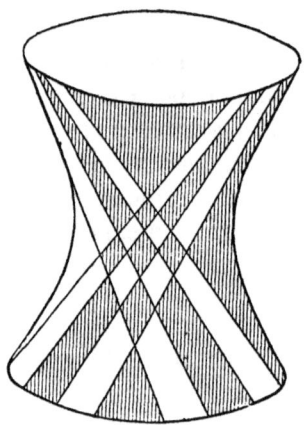

---

[*] Karl Rohn (1855-1920).
[**] Scoperte da Kummer nel 1866, sono superfici del 4° ordine con 16 punti doppi (conici e reali) e 16 tangenti doppie (il massimo numero possibile per superfici di tale ordine). La figura sopra rappresentata ne mostra un modello. Sui lavori di Klein sull'argomento si veda [Rowe 1989], in particolare il paragrafo 2 ("Klein's first publications").

Si immagini una quadrica (vedi figura precedente) e quattro generatrici rettilinee di ognuno dei due sistemi. A seconda del carattere della superficie e della realtà, non realtà o coincidenza di queste rette, è possibile un gran numero di casi particolari. Tutti devono però essere trattati alla stessa maniera. Possiamo qui limitarci al caso dell'iperboloide a una falda, con quattro generatrici rettilinee distinte di ognuno dei due sistemi. Queste rette dividono la superficie in *16* regioni. Si ombreggino alternativamente le regioni, come indicato in figura, considerando doppie le parti ombreggiate, e si faccia astrazione delle parti in bianco. Otterremo una superficie formata da *16* porzioni separate chiuse, che si ricongiungono solo nei punti d'intersezione delle generatrici; questa superficie è una superficie di Kummer con *16* punti doppi reali. Le ricerche di Rohn sulla superficie di Kummer si trovano nei *Math. Annalen*, t. XVIII (1881)[10]; i suoi studi più generali sulle superfici quartiche sono pubblicati nella stessa rivista, t. XXIX (1887)[11].

Esiste anche un altro metodo per studiare la forma delle curve (non delle superfici). Esso si basa sull'impiego della teoria di Riemann. Il primo problema che si presenta qui è quello di istituire una correlazione tra una curva piana e una superficie di Riemann, come ho fatto vedere nel tomo VII dei *Math. Annalen* (1874)[12]. Si consideri una cubica di genere $p = 1$. Ora, è ben noto che nella teoria di Riemann questo genere indica il numero che misura la connessione della corrispondente superficie di Riemann, connessione che di conseguenza dovrà in questo caso essere quella di un toro anulare. Da qui il problema: cosa ha a che fare il toro con la cubica? Si capirà meglio il loro rapporto considerando la curva della terza *classe* la cui forma è indicata nella seguente figura. Si vede facilmente che le tre tangenti che si possono condurre a questa curva da un punto del suo piano saranno tutte reali se il punto è scelto esternamente all'ovale o all'interno dell'area triangolare; se il punto invece è situato nella regione ombreggiata, una sola delle tre tangenti sarà reale e le altre due immaginarie. Dal momento che si hanno allora due tangenti immaginarie corrispondenti ad ogni punto di questa regione, si immagini quella parte ombreggiata ricoperta da un foglio doppio; si devono naturalmente considerare i due fogli come se fossero saldati insieme lungo la curva. Si è così ottenuta una superficie che può considerarsi come una superficie di Riemann appartenente alla curva, ogni punto di essa corrispondendo ad una tangente unica alla curva. Abbiamo così, allora, il nostro toro.

---

[10] "Die verschiedenen Gestalten der Kummer'schen Fläche", pp. 99-159.
[11] "Der Flächen vierter Ordnung hinsichtlich ihrer Knotenpunkte und ihrer Gestaltung", pp. 81-96.
[12] "Über eine neue Art der Riemann'schen Flächen", pp. 558-566.

Lo studio degli integrali su una tale superficie mostra che hanno due periodi e si svela così il rapporto degli integrali ellittici con le curve della 3ª classe e quindi, in virtù del princpio di dualità, con le curve del terz'ordine.

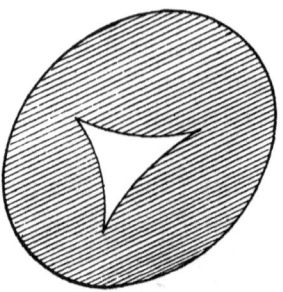

Come ulteriore progresso, ho successivamente affrontato, la teoria generale delle superfici di Riemann. A curve reali corrisponderanno naturalmente superfici di Riemann *simmetriche*, superfici cioè che si riproducono per trasformazione conforme di seconda specie (trasformazioni che invertono il senso degli angoli). Ora, è facile enumerare i differenti tipi simmetrici che appartengono ad un genere p dato. Troviamo il risultato secondo cui esistono in totale $p + 1$ casi "diasimmetrici" e $\left[\dfrac{p+1}{2}\right]$ casi "ortosimmetrici". Se chiamiamo di simmetria ogni linea i cui punti restano fissi rispetto ad una trasformazione conforme, allora i casi diasimmetrici comprendono rispettivamente $p, p-1, p-2, ..., 2, 1, 0$ linee di simmetria, mentre i casi ortosimmetrici ne comprendono $p+1, p-1, p-3, ...$. Una superficie è detta diasimmetrica, oppure ortosimmetrica, se non è scomposta in due pezzi o se lo è per effetto di sezioni praticate lungo tutte le linee di simmetria. Questa enumerazione comprenderà allora una classificazione generale delle curve reali come per la prima volta viene indicato nel mio opuscolo sulla teoria di Riemann[13]. Durante l'estate del 1892, ho ripreso questa teoria e sviluppato un gran numero di proposizioni relative alla realtà delle radici di equazioni appartenenti alle nostre curve, che si possono stabilire con l'ausilio degli integrali abeliani. Si veda l'ultimo volume dei *Math. Annalen*[14] e il mio *corso* (litografato) sulle *Superfici di Riemann*, parte II.

---

[13] *Über Riemanns Theorie der algebraischen Functionen und ihrer Integrale*, Leipzig, Teubner, 1882; tradotto in inglese da Frances Hardcastle, London, Macmillan, 1894.

In questa Conferenza si sono considerate curve e superfici algebriche ordinarie. Sarebbe interessante studiare allo stesso modo *tutte* le figure algebriche, in modo da ottenere una vera intuizione geometrica di questi enti.

Per concludere, desidero insistere su quella che considero la caratteristica principale dei metodi geometrici discussi oggi: questi metodi forniscono una *immagine mentale attuale* delle figure in questione e questo è l'elemento essenziale in tutta la vera Geometria. Per questa ragione i cosiddetti metodi sintetici, come vengono sviluppati abitualmente, non mi sembrano molto soddisfacenti. Sebbene forniscano costruzioni elaborate in tutti i loro dettagli per casi particolari, tuttavia falliscono del tutto quando si tratta di fornire una visione generale delle figure nel loro insieme.

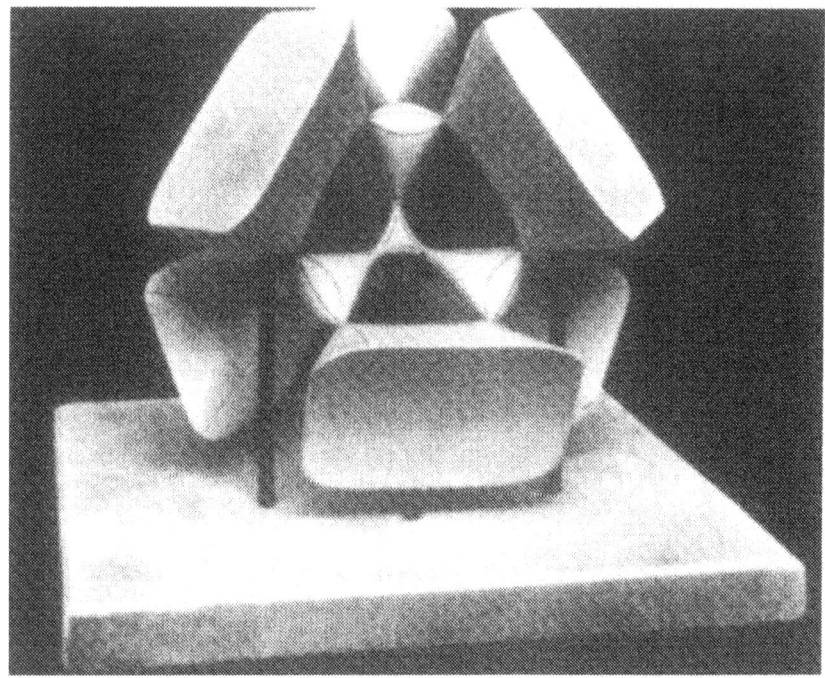

Modello di una superficie di Kummer

---

[14] "Über Realitätsverhältnisse bei der einem beliebigen Geschlechte zugehörigen Normalkurve der j", t. XLII (1893), pp. 1-29.

Nota bibliografica di M.L. Laugel

Sulle forme delle quartiche piane è appena apparso il libro di Ruth Gentry: *On the forms of quartic plane curves*, New York, Drummond, 1897. La celebre relazione di Klein:

$$n = w' + 2t'' = k + r' + 2d''$$

gli ha permesso di approfondire tutti i numerosi casi particolari. Si veda la recensione nel *Bulletin de M. Darboux*, s. 2, t. XXI, 1897.

Per quanto riguarda i modelli si rinvia alla Nota apposta alla Conferenza V.

Conferenza V
(*1 settembre 1893*)

La Teoria delle funzioni e la Geometria

Un primo metodo per ottenere una rappresentazione geometrica di una funzione di variabile complessa $w = f(z)$, dove $w = u + iv$ e $z = x + iy$, si occupa della costruzione dei modelli delle due superfici $u=\varphi(x,y)$, $v=\psi(x,y)$. Questa idea è stata realizzata nei modelli costruiti da Dyck che ho fatto vedere all'*Esposizione*.

Un altro metodo, peraltro ben noto e proposto da Riemann, consiste nel rappresentare ciascuna delle due variabili complesse su un piano, nella maniera usuale. Ad ogni punto del piano delle z corrisponde uno (o diversi punti) sul piano delle w; quando z si muove sul suo piano, w descrive una curva corrispondente sull'altro. È possibile fare riferimento al lavoro di Holzmuller[1] quale buona introduzione elementare all'argomento, soprattutto per il gran numero di casi particolari che vi sono trattati e illustrati con figure.

Nelle ricerche più avanzate, però, ciò che interessa non sono tanto le curve corrispondenti quanto le aree o le *regioni* che si corrispondono sui piani. In base al teorema fondamentale di Riemann relativo alla rappresentazione conforme, si possono sempre far corrispondere tra loro *conformemente* due regioni semplicemente connesse, in modo che ognuna sia la rappresentazione conforme dell'altra. In questa corrispondenza, le tre costanti di cui disponiamo ci permettono di scegliere tre punti arbitrari sul contorno di una delle regioni come corrispondenti di tre punti arbitrari sul contorno dell'altra. La teoria riemanniana fornisce così una definizione geometrica per ogni funzione (qualunque) mediante la sua rappresentazione conforme.

A questo punto possiamo occuparci delle conclusioni che è possibile trarre da questo metodo, a proposito della natura delle funzioni trascendenti.

---

[1] *Einführung in der Theorie der isogonalen Verwandschaften und der conformen Abbildungen, verbunden mit Anwendungen auf mathematische Physik*, Leipzig, Teubner, 1882.

Dopo le trascendenti elementari, si considerano abitualmente come più importanti le funzioni ellittiche. Esiste però un'altra classe di funzioni per le quali si può invocare un'importanza almeno eguale, a causa delle numerose applicazioni in Astronomia e in Fisica matematica. Sono le *funzioni ipergeometriche*, così chiamate a causa dei loro rapporti con la serie ipergeometrica di Gauss. Le funzioni ipergeometriche possono definirsi come gli integrali dell'equazione differenziale lineare del secondo ordine:

$$\frac{d^2w}{dz^2} + \left[\frac{1-\lambda'-\lambda''}{z-a}(a-b)(a-c) + \frac{1-\mu'-\mu''}{z-b}(b-a)(b-c) + \frac{1-\nu'-\nu''}{z-c}(c-a)(c-b)\right]\frac{dw}{dz}$$
$$+ \left[\frac{\lambda'\lambda''(a-b)(a-c)}{z-a} + \frac{\mu'\mu''(b-a)(b-c)}{z-b} + \frac{\nu'\nu''(c-a)(c-b)}{z-c}\right]\frac{w}{(z-a)(z-b)(z-c)} = 0,$$

dove $z = a, b, c$ sono i tre punti singolari e λ', λ''; μ', μ''; ν', ν'' le cosiddette tre coppie di esponenti, appartenenti rispettivamente ad a, b, c.

Se w_1 e w_2 sono soluzioni particolari dell'equazione, la soluzione generale può mettersi sotto la forma $aw_1 + bw_2$, a e b designando costanti arbitrarie; sicché:

$$aw_1 + bw_2 \text{ e } gw_1 + dw_2$$

rappresentano una coppia di soluzioni generali.

Se ora si introduce il quoziente $\frac{w_1}{w_2} = \eta(z)$ come nuova variabile, il suo valore più generale sarà:

$$\frac{\alpha w_1 + \beta w_2}{\gamma w_1 + \delta w_2} = \frac{\alpha\eta + \beta}{\gamma\eta + \delta}$$

e di conseguenza comprenderà tre costanti arbitrarie. Ne segue che h verifica un'equazione differenziale del terzo ordine che si trova con un facile calcolo:

$$\frac{\eta'''}{\eta'} - \frac{3}{2}\left(\frac{\eta''}{\eta'}\right)^2 =$$
$$= \frac{1}{(z-a)(z-b)(z-c)}\left[\frac{\frac{1-\lambda^2}{2}}{z-a}(a-b)(a-c) + \frac{\frac{1-\mu^2}{2}}{z-b}(b-a)(b-c) + \frac{\frac{1-\nu^2}{2}}{z-c}(c-a)(c-b)\right]$$

dove il secondo membro gode della proprietà di restare inalterato per effet-

to di una sostituzione lineare e per tale motivo si chiama invariante differenziale. Questa funzione è stata chiamata da Cayley *la derivata di Schwarz*; tale invariante differenziale è stato il punto di partenza delle ricerche di Sylvester sui reciprocanti*.
Nel secondo membro si ha inoltre:

$$\pm \lambda = \lambda'-\lambda'', \quad \pm \mu = \mu'-\mu'', \quad \pm \nu = \nu'-\nu''.$$

Quanto alla rappresentazione conforme, si può dimostrare che la metà superiore del piano delle z (essendo i punti a, b, c sull'asse delle grandezze reali e essendo l, m, n supposte reali) viene trasformata, per ogni ramo della funzione h, in un'area triangolare a, b, c che indicheremo con il nome di triangolo curvilineo, il cui contorno è formato da tre archi di cerchio.
Gli angoli ai vertici di questo triangolo sono $\lambda\pi$, $\mu\pi$, $\nu\pi$.

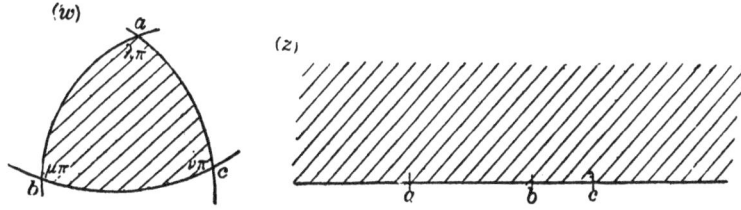

Questa è la rappresentazione geometrica che si deve prendere per base. Per dedurne delle conclusioni, sulla natura delle funzioni trascendenti definite dall'equazione differenziale, è evidente che sarà necessario ricercare quali sono le forme di simili triangoli curvilinei nel caso più generale. In effetti, si deve notare che non è stata introdotta alcuna restrizione relativamente ai valori delle costanti l, m, n, in modo che gli angoli del nostro triangolo non sono necessariamente acuti e nemmeno convessi; in altri termini,

---

* Come nota [Parshall 1998], p. 42, Sylvester usa il termine *reciprocante* in due accezioni diverse: come "polare reciproca" e come "invariante differenziale". È evidente che Klein fa riferimento alla seconda delle due accezioni e in particolare alle *Lectures on the Theory of Reciprocants* (1885-1888) di Sylvester su cui cfr. [Parshall 1998], p. 42 e p. 259. Schwarz aveva analizzato nel 1872 l'espressione differenziale cui accenna Klein, nel contesto delle sue ricerche sulle serie ipergeometriche. Sui contributi di Sylvester alla teoria degli invarianti cfr. anche K.H. Parshall, Toward a History of Nineteenth Century Invariant Theory, in AA. VV., *The History of Modern Mathematics*, a cura di J. McCleary, D.E. Rowe, New York, Academic Press, 2 voll., I, pp. 157-206.

nel caso generale, i vertici saranno dei punti di ramificazione. Il triangolo stesso deve qui considerarsi come una specie di membrana estensibile e flessibile, che si estende tra i cerchi che ne formano la cornice di contorno.

Ho studiato questa questione in una Memoria pubblicata nel t. XXXVII dei *Math. Annalen*[2]. Risulterà comodo proiettare stereograficamente su una sfera il piano comprendente il triangolo curvilineo. Si presenta allora la questione della forma più generale dei triangoli sferici, essendo questa denominazione presa nel senso lato: con quel termine, intenderemo ogni triangolo il cui perimetro sulla sfera sia formato dall'intersezione di essa con i tre piani, sia che questi si taglino oppure no.

È questa, in realtà, una questione di Geometria elementare che permette anche di osservare quanto spesso oggi le ricerche di ordine superiore ci riconducano a problemi elementari che non sono ancora trattati a fondo.

Nel caso in questione si perviene al risultato che esistono due specie, e due soltanto, di triangoli generalizzati così definiti. Essi derivano dal triangolo detto elementare, per effetto di due operazioni distinte: (a) il *riattaccamento laterale* di un cerchio; (b) il *riattaccamento polare* di un cerchio.

Sia *abc* il triangolo sferico elementare. L'operazione di riattaccamento laterale consiste nell'unire, o nel riattaccare, all'area *abc* quella che contorna uno dei suoi lati, per esempio, *bc*, quando questo viene prolungato in modo da formare un cerchio completo. Questo procedimento evidentemente può ripetersi a piacere e applicarsi a ciascuno dei lati. Se si riattacca a *bc* un'area circolare, gli angoli in *b* e *c* vengono aumentati di π; se vi si riattacca tutta la sfera, verranno aumentati di 2π, e così di seguito. I vertici diventano punti di ramificazione. Chiamo un simile triangolo *triangolo di prima specie*.

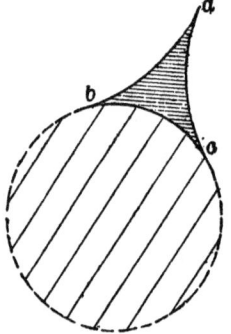 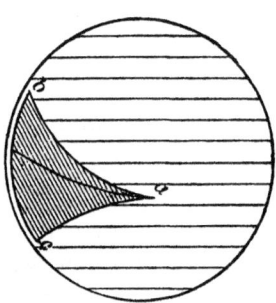

---

[2] *Über die Nullstellen der hypergeometrischen Reihe*, pp. 573-590.

Il *triangolo di seconda specie* è formato con il procedimento di riattaccamento polare. Per esempio in *bc*, l'area totale inserita nel contorno del cerchio *bc* è in questo caso riattaccata al triangolo primitivo lungo una sezione che parte dal vertice *a* e termina in un punto qualunque di *bc*; il punto *a* diviene un punto di ramificazione e l'angolo in *a* risulta aumentato di 2π.

D'altra parte, si possono anche operare riattaccamenti laterali in *ab* e in *bc*.

Le due specie di triangoli si possono allora caratterizzare nel modo seguente: *la prima specie ammette un numero qualunque di riattaccamenti laterali ad un lato qualsiasi o a tutti e tre i lati, mentre la seconda specie ammette un riattaccamento polare a un lato e al vertice opposto; inoltre può ammettere riattaccamenti laterali agli altri due lati.*

Analiticamente, le due specie si distinguono per certe disuguaglianze tra i valori assoluti delle costanti λ, μ, ν. Nella prima delle due specie, nessuna delle tre costanti è maggiore della somma delle altre due, cioè:

$$|\lambda| \leq |\mu| + |\nu|, \quad |\mu| \leq |\nu| + |\lambda|, \quad |\nu| \leq |\lambda| + |\mu|.$$

Per la seconda specie, si ha:

$$|\lambda| \geq |\mu| + |\nu|$$

il valore λ essendo relativo al polo.

Nelle applicazioni alla Teoria delle funzioni è importante determinare, nel caso della seconda specie, il numero di volte che si descrive il contorno del cerchio formato dal lato opposto al vertice. Ho trovato che tale numero è:

$$E\left(\frac{|\lambda| - |\mu| - |\nu| + 1}{2}\right),$$

dove E indica il più grande intero positivo contenuto nell'argomento; questo numero di conseguenza è sempre nullo quando l'argomento è negativo o frazionario.

Applichiamo ora queste idee geometriche alla teoria delle funzioni ipergeometriche. Indico qui solo uno dei risultati ottenuti. Limitiamoci a considerare i valori reali di cui è suscettibile $\eta = \dfrac{w_1}{w_2}$ tra *a* e *b* e analizziamo la questione relativa alla forma della curva *h* tra questi due limiti. Considerando per un momento le curve w_1 e w_2, si sa che w_1 oscilla tra *a* e *b* da una parte all'altra dell'asse, e lo stesso sarà per w_2. Il quoziente $\eta = \dfrac{w_1}{w_2}$ è rappresentato da una curva di rami separati che si estende da $-\infty$ a $+\infty$ e che somiglia alla curva $y = tang\ x$. Ora, il risultato della ricerca è il seguente: il numero di questi rami e, di conseguenza, il numero delle oscillazioni di w_1 e w_2 è dato precisamente dal numero dei circuiti descritti dal punto c, cioè dal numero:

$$E\left(\frac{|\nu|-|\lambda|-|\mu|+1}{2}\right)$$

Si tratta di un risultato importante per tutte le applicazioni delle funzioni ipergeometriche e che poi Hurwitz ha dedotto dai metodi di Sturm[*]. Ma per quanto interessante, non è sul risultato che desidero principalmente richiamare la vostra attenzione, quanto sul metodo geometrico usato. Attualmente a Gottinga, da parte mia e di altri colleghi, si svolgono ricerche approfondite che utilizzano tale punto di vista. Nel mio *corso* litografato sulle *Equazioni differenziali lineari* (1890-91) ho dato diversi suggerimenti sulla trattazione di casi simili. Curiosamente la difficoltà che si incontra nella generalizzazione è di natura puramente geometrica nell'ottenere una visione generale delle forme possibili dei poligoni.

Il Dr. Schönfliess[**] ha recentemente pubblicato una Memoria sui poligoni rettilinei con numero qualunque di lati, mentre da parte sua il Dr. Van Vleck ha considerato analoghi poligoni curvilinei con le funzioni che li definiscono, essendo i poligoni determinati in modo così generale da ammettere al loro interno punti di ramificazione. Il Dr. Schönfliess ha anche trattato il caso dei quadrangoli curvilinei, ma il risultato cui arriva è molto complicato.

In tutte queste ricerche, i punti singolari del piano delle z che corrispondono ai vertici dei poligoni si suppongono naturalmente reali come i rispettivi esponenti. Resta allora il problema, ancora più generale, relativo alla rappresentazione conforme delle funzioni nel caso in cui alcuni di questi elementi siano complessi. In quest'ordine di idee devo citare il nome del Dr. F. Schilling, che ha trattato il caso della funzione ipergeometrica ordinaria nell'ipotesi di esponenti complessi.

La trattazione delle funzioni definite da equazioni differenziali lineari del secondo ordine, cui abbiamo accennato, è nient'altro che un semplice esempio della discussione generale delle funzioni complesse per mezzo

---

[*] Jacques Charles François Sturm (1803-1855).
[**] Arthur Moritz Schönfliess (1853-1928).

della Geometria. Spero che ben altri risultati interessanti saranno ottenuti in avvenire con metodi geometrici analoghi.

Nota bibliografica di M.L. Laugel

Nella conferenza precedente, Klein aveva parlato della superficie diagonale di Clebsch e dei modelli in generale.

A proposito dei modelli di Dyck, si troverà nel tomo III del *Jahresbericht der deutschen Mathematiker Vereinigung* (*D.M.V.*), 1892-93, un resoconto estremamente interessante di Walther Dyck relativo ai diversi modelli dell'*Esposizione* di Monaco. Si vedano anche i cataloghi e le opere annunciate alla fine del citato volume, in particolare: *Katalog mathematischer Modelle, Apparate und Instrumente ecc.* Questo bel lavoro è pubblicato in due parti. La prima comprende Memorie su tali questioni di Klein, Voss, Brill, Hauck, von Braunmühl, Boltzmann, Heinrici, ecc. La seconda è dedicata alla descrizione dei modelli e relativi strumenti: I, l'Aritmetica, l'Algebra, la Teoria delle funzioni, il Calcolo integrale; II, la Geometria; III, le Matematiche applicate. Un supplemento a questo catalogo, di 135 pagine, diviso in due parti come il primo, è stato anch'esso pubblicato a Monaco (1893). Si veda anche un articolo di Dyck nel volume pubblicato nel 1896 da Mac Millan, New York e Londra, dal titolo: *Mathematical Papers at the International Mathematical Congress ecc.*, Chicago 1893, recensito nel *Bulletin de M. Darboux*, s. 2, t. XX (1896), p. 297. Vale la pena citare (p. 299), a tal proposito, il commento relativo al *Colloquium* di Evanston di cui ci limitiamo a riportare il seguente passo: "occorrerebbe consigliare a tutti di leggere queste dodici conferenze, così ricche di fatti e di suggerimenti, così varie negli argomenti, che mettono assieme storia della scienza, vedute filosofiche, considerazioni ingegnose, teoremi precisi, ardite generalizzazioni, consigli pedagogici e che di volta in volta affrontano i rami più disparati della scienza, l'Aritmetica, l'Algebra, l'Analisi superiore, la Geometria".

Le belle ricerche di Study[*] sulla Trigonometria sferica sono apparse nel 1893 nei *Berichte* dell'Accademia di Sassonia, t. XXII, n° 2. Esse sono state anche pubblicate separatamente *in extenso* dalla Libreria Hirtzel, Leipzig, col titolo: *Sphärische Trigonometrie orthogonale Substitutionen und elliptische Functionen*. Study ha anche pubblicato in inglese un'analisi di questi studi nei citati *Mathematical Papers* di Chicago. Si leggerà anche con grande interesse e profitto la notevole digressione sulla Trigonometria sferica nel bel *corso* di Klein, *Hypergeometrische Function* (pp. 228-358); una recensione non riuscirebbe a dare un'idea della profondità e della ricchezza degli argomenti che vi sono trattati.

---

[*] Eduard Study (1862-1930).

Successivamente, a Gottinga, è stata pubblicata dalla signora Chisholm (oggi signora Young) una bella tesi sulla "Trigonometria dal punto di vista moderno", che costituisce una monografia fra le più interessanti.

Due matematici di grande talento, Schilling e Ritter, prima allievi e poi collaboratori di Klein, si sono dedicati a questo settore di studi. Ma la bella serie di articoli di Ritter è stata sfortunatamente interrotta da una morte crudele, nel momento in cui gli si apriva un brillante avvenire. Chiamato fin dagli esordi a insegnare Analisi superiore in una grande Università degli Stati Uniti – ciò che a illustri predecessori, quali Cayley e Sylvester, era toccato solo alla fine della loro carriera – morì appena sbarcato per una malattia contratta in viaggio. Klein ha dedicato alla memoria del suo allievo alcune pagine dense di eloquenza nel tomo IV del *Jahresbericht d. D.M.V.*, 1894-95.

I lavori di Ritter, che si riferiscono alla teoria delle funzioni automorfe e delle funzioni P di Riemann, sono stati pubblicati nei tomi LXI, LXII e LXV dei *Mathematische Annalen*. Le sue due ultime Memorie sono state pubblicate postume nella stessa rivista a cura del suo amico Schilling: "Über Riemann'sche Formenschaaren auf einem beliebigen algebraischen Gebilde", t. LXVII (1896) e "Über die hypergeometrische Function mit einem Nebenpunkt (mit einer Figurentafel")", t. LXVIII (1896).

Le Memorie e i lavori principali di Schilling che trattano di argomenti analoghi, a parte forse il punto di vista maggiormente caratterizzato dall'intuizione geometrica secondo le vedute di Klein, sono i seguenti: *Beiträge zur geometrischen Theorie der Schwarz'schen s-Functionen*, Inaugural Dissertation, Teubner, 1894, riprodotta nei *Math. Annalen*, t. XLIV, pp. 161-260; "Der Fundamental-Bereich des Schwarz'schen s-Functionen im Falle complexer Exponenten", *Göttinger Nachrichten*, 1894; "Die geometrische Theorie der Schwarz'schen s-Functionen für complexe Exponenten", 2 Memorie, *Math. Annalen* (1895), t. XLVI, pp. 62-76 e pp. 520-538. Si veda anche "Über Kreisbogen-Dreiecke mit einfachem Knotenpunkt" (*Jahresbericht d. D.M.V.*, t. V, p. 73, 1896). Schilling ha appena terminato una grande Memoria su queste questioni che apparirà verso la fine dell'anno (1897) negli *Acta Leopoldina*, t. XXI, con il titolo: "Geometrisch-analytische Theorie der symmetrischen s-Functionen mit einem einfachen Nebenpunkt". Ciò che caratterizza le belle ricerche di Schilling è la trattazione basata sull'intuizione geometrica e le applicazioni più ingegnose alla Geometria non euclidea.

Conferenza VI
(*2 settembre 1893*)

Sul carattere matematico dell'intuizione dello spazio e sui rapporti delle Matematiche pure con le scienze applicate

Nelle conferenze precedenti ho insistito così tanto sull'importanza dei metodi geometrici che ora si presenta spontanea la questione relativa alla vera natura, e ai limiti, dell'intuizione geometrica.

Nella relazione pronunciata davanti al Congresso dei matematici riuniti a Chicago, ho fatto allusione sia all'intuizione *ingenua* che a quella che ho chiamato *raffinata*. È quest'ultima che noi troviamo in Euclide; egli sviluppa accuratamente il suo sistema sulla base di assiomi ben formulati, è pienamente consapevole della necessità di dimostrazioni rigorose, distingue nettamente il commensurabile dall'incommensurabile, e così via.

L'intuizione ingenua, d'altra parte, ha giocato un ruolo particolarmente attivo nel periodo della nascita del calcolo differenziale e integrale. Vediamo così Newton ammettere senza esitazione, in tutti i casi, l'esistenza della velocità di un punto mobile, senza prendersi la cura di chiedersi se esistono funzioni continue prive di derivata.

Attualmente siamo inclini a edificare il calcolo infinitesimale su una base puramente analitica e ne traiamo la conclusione che viviamo un periodo *critico* analogo a quello di Euclide. Personalmente sono convinto, malgrado non sia in grado di sostenere questa opinione con prove complete, che anche il periodo di Euclide ha dovuto essere preceduto da un stadio "ingenuo" di sviluppo. Alcuni fatti, noti solo da poco, corroborano questo punto di vista. I libri sopravvissuti dell'epoca di Euclide formano una parte minima di quelli allora esistenti; inoltre, gran parte dell'insegnamento aveva luogo attraverso una comunicazione orale. Poche opere di quel tempo avevano quella raffinatezza artistica che ammiriamo negli *Elementi* di Euclide. La maggior parte era sotto forma di corsi improvvisati, redatti per gli studenti. Le ricerche di Zeuthen[1] e di Allman[2] hanno gettato molta luce su questi problemi storici.

---

[1] *Die Lehre von Kegelschnitten im Altertum*, übersetzt von R. v. Fischer-Benzon, Copenhagen, Höst, 1886.
[2] *Greek Geometry from Thales to Euclid*, Dublin, Hodges, 1889.

Ora, se ci chiediamo in cosa consista la distinzione tra intuizione ingenua e intuizione raffinata, possiamo a mio avviso rispondere che *l'intuizione ingenua manca di rigore mentre l'intuizione raffinata non è affatto, parlando propriamente, un'intuizione e trae piuttosto la sua origine dallo sviluppo logico di assiomi considerati come perfettamente rigorosi.*

Per spiegare cosa intendo nella prima parte dell'enunciato, dirò che a mio parere nella nostra intuizione ingenua, quando pensiamo ad un punto, il nostro spirito non concepisce un punto matematico astratto ma sostituisce a questa astrazione qualcosa di concreto. Quando ci figuriamo una linea, non è una "lunghezza senza larghezza" che ci rappresentiamo, ma una *striscia* avente una certa larghezza. Ora, una tale striscia ha ovviamente sempre una tangente; in altri termini, si può sempre immaginare una striscia rettilinea avente una piccola porzione (un elemento) in comune con la striscia curvilinea e si può impiegare un linguaggio analogo relativamente al cerchio osculatore. Le definizioni dunque sono considerate come rigorose solo approssimativamente o solo finché è necessario.

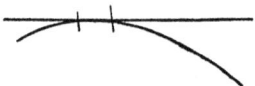

Il matematico "rigoroso" dirà naturalmente che tali definizioni non sono affatto definizioni. In realtà, negli usi ordinari della vita, operiamo proprio con simili definizioni. Così, parliamo senza esitazione della direzione e della curvatura di un fiume o di una strada, benché in questo caso la "linea" abbia certamente una larghezza considerevole.

Quanto alla seconda parte dell'enunciato, esiste effettivamente un gran numero di casi in cui le conclusioni dedotte con ragionamenti puramente logici e a partire da definizioni rigorose non possono più essere verificate dall'intuizione. Per farlo vedere, sceglierò alcuni esempi tratti dalla teoria delle funzioni automorfe; in realtà, nelle illustrazioni geometriche più elementari, il nostro giudizio è falsato dalla grande familiarità che abbiamo con le idee in questione.

Si abbia un numero qualunque 1, 2, 3, 4, ..., di cerchi dati, che non si taglino, e su ogni cerchio si operi una riflessione attorno a ognuno degli altri ovvero una trasformazione per inversione cioè per raggi vettori reciproci. Ripetiamo tale operazione *all'infinito*. Quale sarà la figura formata dalla totalità di questi cerchi e, in particolare, quale sarà la posizione dei punti limite? Se non c'è alcuna difficoltà a rispondere a tali questioni mediante il ragionamento logico, è anche vero che l'immaginazione si rifiuta di aiutarci completamente negli sforzi che facciamo per rappresentarci un'immagine del risultato.

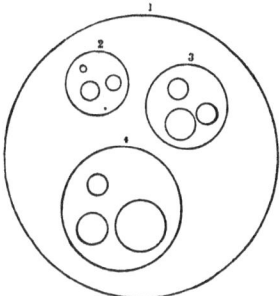

Come altro esempio, si supponga data una serie di cerchi ognuno tangente a quello che segue, l'ultimo essendo tangente al primo.

Si operi la trasformazione per inversione o per raggi vettori reciproci, esattamente come nell'esempio precedente, e si ripeta la procedura indefi-

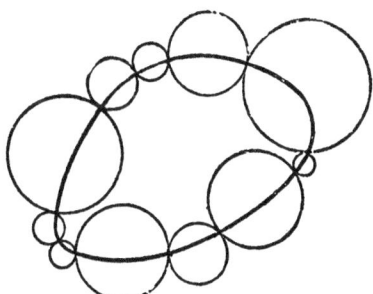

nitamente. Se si esclude il caso particolare in cui i punti di contatto primitivi sono situati su una circonferenza, si può dimostrare analiticamente che la curva continua luogo di tutti i punti di contatto *non è una curva analitica*. I punti di contatto formano un insieme ovunque denso sulla curva (nel senso di Cantor[*]), benché fra loro vi siano punti intermedi. In ognuno dei punti di contatto dei cerchi esiste una tangente alla curva mentre, nei punti intermedi, essa non esiste. D'altra parte, le derivate seconde non esistono affatto. È facile immaginarsi una striscia che ricopra tutti questi punti, ma quando la larghezza della striscia cade al di sotto di un certo limite si tro-

---

[*] Georg Cantor (1845-1918).

vano delle ondulazioni e sembra impossibile rappresentarsi l'immagine del risultato finale. Si osserverà che abbiamo qui un esempio di curva a derivate indeterminate che trae origine da considerazioni puramente geometriche; la trattazione usuale, relativa a tali curve, avrebbe potuto far sospettare che esse possono definirsi per mezzo di serie analitiche artificiali (costruite *a priori*).

Sfortunatamente non sono in grado di presentarvi un'esposizione completa delle opinioni dei filosofi su tale argomento.

Relativamente agli scritti matematici più recenti, io stesso ho presentato le mie idee su queste questioni in una Memoria pubblicata nel 1873 e che è stata poi riprodotta nei *Math. Annalen*[3]. Pasch[*] (a Giessen) ha espresso alcune idee generali (in accordo con le mie) in due opere, l'una sui fondamenti della Geometria[4], l'altra sui princìpi del Calcolo infinitesimale[5]. Un altro autore, Köpcke di Amburgo, ha avanzato l'idea che la nostra intuizione dello spazio è rigorosa fino al punto in cui essa cessa di esistere e che comunque è così limitata che è impossibile immaginarci delle curve senza tangenti[6].

Su un punto però Pasch è in disaccordo con me, relativamente al valore rigoroso degli assiomi. Crede – ed è il punto di vista tradizionale – che sia possibile in ultima istanza rigettare completamente l'intuizione e basare tutta la scienza sui soli assiomi. Quanto a me, sono invece dell'avviso che nelle ricerche sia sempre necessario combinare l'intuizione con gli assiomi. Per esempio, non credo che sarebbe stato possibile arrivare ai risultati che concludono le magnifiche ricerche di Lie, alla continuità della forma delle curve e delle superfici algebriche e alle forme più generali dei triangoli, senza fare costantemente uso dell'intuizione geometrica.

L'idea di Pasch, consistente nell'edificare la scienza sull'unica base degli assiomi, è stata spinta ancora più lontano da Peano[**] nel suo *Calcolo logico*.

Infine, bisogna tener conto che il grado di esattezza dell'intuizione dello spazio varia forse secondo gli individui, forse anche secondo le differenti

---

[3] "Über den allgemeinen Functionsbegriff und dessen Darstellung durch eine willkürliche Kurve", *Math. Annalen*, t. XXII (1883), pp. 249-259.
[*] Moritz Pasch (1843-1930).
[4] *Vorlesungen über neuere Geometrie*, Leipzig, Teubner, 1882.
[5] *Einleitung in der Differential und Integralrechnung*, Leipzig, Teubner, 1882.
[6] "Über Differentierbarkeit und Anschaulichkeit der stetigen Functionen", *Math. Annalen*, t. XXIX (1887), pp 123-140.
[**] Giuseppe Peano (1858-1932).

razze. Sembrerebbe che l'intuizione ingenua dello spazio sia principalmente un attributo della razza tedesca, mentre il senso critico e puramente logico sia più sviluppato nelle razze latine e ebraiche. Una estesa ricerca su tale argomento, vicina all'ordine di idee suggerite da Francis Galton[*] nei suoi studi sull'ereditarietà, potrebbe risultare interessante.

Quanto si è detto fin qui sulla Geometria conduce a classificarla fra le scienze applicate. Non saranno perciò fuori luogo alcune osservazioni generali relative a queste scienze e al loro rapporto con la Matematica pura. Dal punto di vista della scienza matematica pura, insisterò particolarmente sul *valore euristico* delle scienze applicate considerate come ausiliarie per la scoperta di nuove verità matematiche. Così ho fatto vedere, nel mio opuscolo sulle teorie di Riemann, che gli integrali abeliani possono meglio interpretarsi mediante la considerazione di correnti elettriche su superfici chiuse. In maniera analoga, si possono dedurre teoremi sulle equazioni differenziali del secondo ordine dalla considerazione di vibrazioni sonore e così via.

Ora però desidero parlare di cose più pratiche, che trovino una relazione con quanto ho esposto precedentemente relativamente al rigore dell'intuizione geometrica. Credo che il rapporto più o meno intimo di ogni scienza applicata con la Matematica possa caratterizzarsi in base al rigore ottenuto (o che è possibile ottenere) nei risultati numerici di quella scienza. Si potrebbe addirittura stabilire una loro classificazione approssimata in funzione del numero medio dei decimali impiegati. Così l'Astronomia (con alcuni campi della Fisica) risulterebbe al primo posto; il numero dei decimali può raggiungere le sette unità e si possono utilmente usare funzioni di ordine superiore alle trascendenti elementari. La Chimica probabilmente si collocherebbe all'altra estremità della scala, perché è raro che in questa disciplina si possa contare sull'esattezza di più di due o tre decimali. La Geometria descrittiva, con tre o quattro decimali al più, si collocherebbe in una posizione intermedia fra questi due estremi; e così via.

La trattazione matematica abituale di una qualsiasi disciplina applicata consiste nel sostituire assiomi rigorosi ai risultati approssimati dell'esperienza e dedurre da tali assiomi conclusioni matematiche rigorose. Quando si considera questo metodo, non bisogna dimenticare che sviluppi matema-

---

[*] Francis Galton (1822-1911), cugino di Darwin, fu cultore di statistica, ereditarietà e psicologia sperimentale. In particolare, Klein sembra accennare al suo libro *Hereditary Genius: An Inquiry into Its Laws and Consequences*, London, Macmillan, 1869. Per i suoi legami con Sylvester cfr. [Parshall 1998], pp. 266-67.

tici che vadano al di là del rigore della disciplina applicata non hanno alcun valore pratico. Da ciò segue che una gran parte delle Matematiche astratte resta senza alcuna applicazione pratica, l'insieme delle Matematiche che si possono utilmente usare in ogni scienza essendo proporzionale al grado di rigore cui si può giungere in quella scienza. Così, mentre l'astronomo può utilmente fare ricorso a un dominio esteso della teoria matematica, il chimico non fa che cominciare a usare la derivata prima, cioè il tasso di accrescimento con il quale hanno luogo certi processi, e non sembra che finora abbia mai utilizzato le derivate seconde.

Come esempi di teorie matematiche sviluppate, che non hanno alcuna coesistenza con le scienze applicate, posso citare la distinzione tra commensurabile e incommensurabile, le ricerche sulla convergenza delle serie di Fourier, la teoria delle funzioni analitiche, ecc. Mi sembra di conseguenza che Kirchhoff sbagli quando, nella sua *Analisi spettrale*, dice che l'assorbimento ha luogo solo quando c'è *esatta* coincidenza tra le lunghezze d'onda. Io sono dell'opinione di Stokes, che dice che l'assorbimento ha luogo *in prossimità* di una tale coincidenza. Analogamente, quando l'astronomo sostiene che i periodi di due pianeti devono essere esattamente commensurabili tra loro per poter ammettere la possibilità di una collisione, non può dimenticare che questa affermazione è legittima da un punto di vista astratto (cioè per i centri matematici dei due pianeti) ma che nozioni come quelle di periodo, massa, ecc. di un pianeta non possono definirsi rigorosamente e variano ad ogni istante. E d'altra parte non abbiamo a nostra disposizione alcun mezzo per riconoscere se due grandezze astronomiche sono o no incommensurabili; possiamo soltanto chiederci se il loro rapporto possa esprimersi, approssimativamente, per mezzo di numeri interi *piccoli*. L'opinione, espressa talvolta, che in natura esistano solo funzioni analitiche è a mio parere assurda. Tutto quello che si può dire è che ci si attiene alle funzioni analitiche, e anche semplici, per il motivo che esse forniscono un grado sufficiente di approssimazione. D'altra parte, abbiamo il teorema di Weierstrass secondo il quale si può ottenere approssimativamente ogni funzione continua, e con un grado qualsiasi di approssimazione, per mezzo di una funzione analitica. Così, se si indica con $\varphi(x)$ la nostra funzione continua e con δ una quantità piccola che rappresenta il limite assegnato di precisione (in altri termini, la larghezza della striscia che sostituiamo alla curva), sarà sempre possibile determinare una funzione *analitica f(x)* tale che si abbia:

$$\varphi(x) = f(x) + \varepsilon$$

con $|\varepsilon| < |\delta|$.

Tutto ciò ci suggerisce questo interrogativo: non sarebbe possibile creare un sistema *ridotto* di Matematiche, adatto ai bisogni delle scienze applicate, senza dover percorrere tutto il dominio delle Matematiche astratte? Un tale dominio dovrebbe comprendere, per esempio, le ricerche di Gauss sull'esattezza dei calcoli astronomici o le ricerche più recenti e molto interessanti di Tchebycheff* sull'interpolazione. Il problema, per quanto ragionevole, sembra di difficile soluzione, soprattutto a causa del carattere molto vago e indefinito delle questioni che si presentano.

Spero che ciò che ho detto riguardo all'uso delle Matematiche nelle scienze applicate non sia in alcun modo interpretato come desiderio di ridurre gli studi delle Matematiche pure e astratte. A parte il fatto che niente può supplire alla Matematica pura nello sviluppo del potere puramente logico dell'intelligenza, si deve altresì considerare la necessità della presenza in ogni Paese di alcuni individui preparati a un livello più alto degli altri, allo scopo di mantenere e elevare gradualmente il livello generale degli studi. Una elevazione, per quanto piccola, di questo livello generale può aversi solo se alcune intelligenze si sono esse stesse elevate molto al di sopra della media.

D'altra parte quel *sistema ridotto* di Matematiche di cui ho parlato non esiste ancora e ci dobbiamo contentare di ciò che si ha per le mani, traendone il miglior partito possibile.

Ora, è precisamente su questo punto che si presenta una difficoltà pratica nell'insegnamento delle Matematiche superiori, per esempio degli elementi del calcolo differenziale e integrale. Il professore si trova limitato dalla difficoltà di armonizzare due necessità opposte e quasi contraddttorie. Da una parte, deve tener conto della capacità intellettiva ancora limitata e poco sviluppata dei suoi allievi e del fatto che la maggior parte di loro studia la Matematica in vista delle applicazioni pratiche; d'altra parte, la sua coscienza di professore e di scienziato sembra forzarlo a non abbandonare per nulla il rigore matematico e lo spinge a introdurre fin dall'inizio tutte le raffinatezze e tutti i punti delicati della Matematica astratta moderna.

Negli ultimi anni, l'insegnamento universitario, soprattutto in Europa, tende sempre più verso tale direzione; gli stessi orientamenti necessariamente si manifesteranno nel tempo anche negli Stati Uniti. La seconda edizione del *Cours d'Analyse* di Camille Jordan** può considerarsi un esempio di quella raffinatezza estrema con la quale sono edificati i fondamenti del calcolo infinitesimale. Porre un'opera del genere tra le mani di un esordiente avrà necessariamente per effetto che, agli inizi, la maggior parte del-

---

* Pafnuti Lwowiitsch Tschebyschew [Cebysev] (1821-1894).
** Camille Jordan (1838-1922).

l'argomento resterà inintellegibile allo studente e che, più avanti, quest'ultimo non avrà ancora acquisito il potere di fare uso dei princìpi nei casi semplici che si presentano nelle scienze applicate.

È mia opinione che nell'insegnamento è non solo ammissibile – ma anche assolutamente necessario – che all'inizio si sia meno astratti; si deve anche fare costantemente ricorso alle applicazioni e accennare gradualmente alle raffinatezze man mano che lo studente diventi capace di comprenderle. Tutto ciò, naturalmente, non è un principio didattico di applicazione universale, da tener presente in ogni istruzione scientifica.

Tra le ultime opere tedesche che posso segnalare agli esordienti citerò, tra gli altri, il trattato elementare di Stegemann, di cui è appena stata pubblicata una nuova edizione riveduta da Kiepert[7], che sembra combinare la semplicità e la chiarezza con un sufficiente rigore matematico. D'altra parte, va da sé che per gli studenti più avanzati, e soprattutto per quelli che scelgono la Matematica come professione, è assolutamente indispensabile lo studio di opere come quelle di Jordan.

Queste osservazioni nascono dal timore di un pericolo che non fa che aumentare, minacciando il sistema dell'insegnamento superiore in Germania: il pericolo di una cesura tra la Matematica astratta e le sue applicazioni scientifiche e tecniche. Una tale cesura sarebbe deplorevole, in quanto porterebbe inevitavilmente alla conseguenza di fondare le applicazioni su una base incerta e di isolare gli scienziati che si occupano solo di Matematica pura.

Nota bibliografica di M. L. Laugel

Relativamente alle idee generali sui rapporti della Matematica con le applicazioni, citerò un bel discorso di Klein non segnalato in queste conferenze: *Über die Beziehungen der neueren Mathematik zu den Anwendungen*, pronunciato a Lipsia nel 1880 e ristampato da Teubner, Leipzig, nel 1895.

Durante il Congresso di Zurigo (agosto 1897) Stodola, professore del Politecnico di Zurigo, ha tenuto una notevole conferenza sui rapporti della Matematica pura con la Meccanica applicata. Un'applicazione molto curiosa e interessante è quella, fatta da Stodola alla regola delle turbine, dei princìpi esposti da Hurwitz nella sua Memoria: "Sur les conditions sous lesquelles une équation n'admet que des racines dont la partie réelle est négative", *Math. Annalen*, t. XLVI

---

[7] *Grundriss der Differential-und Integral-Rechnung*, 6te Auflage, herausgegeben von Kiepert, Hannover, Helwing, 1892.

(tradotta nei *Nouv. Annales de Math.*, t. XV, marzo 1896). La Memoria sulla "Réglage des turbines" di Stodola si trova nella *Schweizer Bau-Zeitung*, t. XXIII, n.i 17 e 18. La questione era stata proposta da Lord Kelvin, cfr. *Natural Phiosophy*, 2ª ed., parte I, p. 396. Un passo che si riferisce a tale questione, e che non sembra aver attirato sufficiente attenzione, si trova nella Prefazione (p. XVI) dei *Mathematical Papers* di Clifford[*], Mac-Millan, 1882.

Relativamente alle idee sull'insegnamento, esposte alla fine di questa conferenza, se ne può trovare un'esposizione dettagliata in numerosi passaggi dei corsi tenuti da Klein a Gottinga. Mi limiterò a rinviare all'indice di questi corsi[**]. Citerò anche: "Über die Arithmetizirung der Mathematik" (*Gottinger Nachrichten*, 1895, Heft 2), che è stato anche tradotto nei *Nouvelles Annales des Math.*, t. XVI, 1897. Vi si troverà un confronto molto interessante tra i metodi che trovano i principali sostenitori in Weierstrass e Kronecker e quelli di Klein e della sua scuola di Gottinga.

Un libro che costituisce una naturale e perfetta transizione tra i primi elementi e la Matematica superiore è appena apparso ed è destinato a introdurre lo studente nei domini della scienza moderna. Mi riferisco a H. Burckhardt, *Einführung in die Theorie der analytischen Functionen einer Complexer Veränderlichen*, Leipzig, Veit, 1897. Cfr. la recensione del *Bulletin de Darboux*, s. 1, t. XXI (1897). Qui Burckhardt[***] ha abbandonato per un momento le sue profonde ricerche, per scrivere un libro più elementare destinato a preparare lo studente alla lettura dei grandi trattati di Picard, Forsyth, Harkness e Morley e perciò anche a quelli di Klein, Poincaré, ecc.

---

[*] William Clifford (1845-1879).
[**] L'elenco dei corsi di Klein è apposto in appendice alla Conferenza XII.
[***] Heinrich Friedrich Karl Ludwig Burckhardt (1861-1914).

Conferenza VII
(*4 settembre 1893*)

Sulla trascendenza dei numeri e e π

Se sabato scorso si è parlato di Matematica non rigorosa, oggi tratteremo aspetti più rigorosi[*].

È stato dimostrato da Cantor che esistono due tipi di insiemi infiniti: (a) gli *insiemi numerabili*, le cui quantità possono essere numerate in maniera tale che ad ogni quantità o elemento sia assegnata una posizione determinata nel sistema; (b) gli *insiemi non numerabili*, in cui ciò non è più possibile. Al primo gruppo appartengono non solo i razionali, ma anche i cosiddetti numeri algebrici, cioè tutti i numeri definiti da una equazione algebrica:

$$a_0 + a_1 x + a_2 x^2 + \ldots + a_n x^n = 0$$

a coefficienti interi (n intero positivo). Come esempio di un insieme non numerabile, si può citare la totalità dei numeri racchiusi in un *continuum* quale quello formato da tutti i punti di un segmento di retta. Un tale *continuum* comprende non solo numeri razionali e algebrici, ma anche numeri detti *trascendenti*.

L'esistenza effettiva dei numeri trascendenti, che discende del tutto naturalmente dalla teoria degli insiemi di Cantor, è stata dimostrata per la prima volta da Liouville[**] con considerazioni di tutt'altro ordine. D'altra parte, la prova di tale esistenza non ha fornito ancora alcun mezzo che permetta di decidere se un numero particolare sia o no trascendente. Ma negli ultimi vent'anni è stato stabilito che due numeri fondamentali in Matematica, e e π, sono trascendenti. Il mio scopo odierno è quello di analizzare chiara-

---

[*] Per una migliore comprensione di questa conferenza e per i puntuali riferimenti storici di Klein, rinviamo al capitolo iniziale della Parte II ("I numeri trascendenti e la quadratura del cerchio") delle sue *Conferenze sopra alcune questioni di Geometria elementare*.

[**] Joseph Liouville (1809-1882). Le considerazioni di Liouville, del 1844 e del 1851, si fondano sulla teoria delle frazioni continue.

mente la dimostrazione molto semplice della trascendenza dei due numeri, che è stata appena data da Hilbert.

La storia del problema è breve: una ventina di anni fa, Hermite[*] ha stabilito per primo[1] la trascendenza del numero e; ha dimostrato cioè, con metodi molto difficili, che quel numero non può essere radice di un'equazione algebrica a coefficienti interi. Nove anni dopo Lindemann[**], partendo dagli sviluppi di Hermite, riuscì a dimostrare[2] la trascendenza del numero π.

Il suo lavoro è stato poco dopo ripreso e verificato da Weierstrass[***].

Le dimostrazioni della trascendenza di e e π resteranno memorabili in Matematica. Quella di π, in particolare, dà infatti una risposta definitiva al problema della quadratura del cerchio. In effetti, il problema richiederebbe che si possa determinare π mediante un numero finito di costruzioni geometriche elementari, cioè con il solo uso di riga e compasso. Dal momento che una retta e un cerchio, o anche due cerchi, hanno tra loro due intersezioni, queste operazioni (o ogni loro combinazione finita) possono esprimersi algebricamente in una forma relativamente semplice. Risolvere il problema della quadratura del cerchio equivarrebbe dunque a dire che π può esprimersi come radice di una equazione algebrica di natura semplice cioè, parlando rigorosamente, come radice di una equazione risolubile per radicali quadratici. Ora, la dimostrazione di Lindemann prova che π non è radice di alcuna equazione algebrica.

In ogni modo, questa dimostrazione della trascendenza di π non diminuerà affatto il numero di coloro che continuano a cercare la quadratura del cerchio, perché tale categoria ha sempre mostrato assoluta sfiducia verso i matematici e disprezzo per la Matematica e non sarà disarmata da alcuna dimostrazione.

La luminosa dimostrazione di Hilbert sarà invece senza dubbio apprezzata da tutti quelli che sono interessati ai fondamenti delle verità matematiche di importanza essenziale. La dimostrazione, comprendente sia il caso del numero e sia quello di π, è stata appena pubblicata nei *Göttinger*

---

[*] Charles Hermite (1822-1901).
[**] Ferdinand Lindemann (1852-1939).
[1] Cfr. C. Hermite, "Sur la fonction exponentielle", *Comptes Rendus de l'Ac. d. Sc.*, 1873, pp. 18 ss..
[2] Cfr. G. Lindemann, "Über die Zahl π", *Math. Annalen*, t. XX, 1882, p. 213.
[***] Sui *Berliner Berichten* del 1882 e 1885 e sui *Math. Annalen*, t. XXII, 1884. I lavori di Weierstrass sono stati riassunti da Bachmann nel suo libro *Vorlesungen über die Natur der Irrationalen*, Leipzig, 1892.

Nachrichten[3]. Subito dopo, Hurwitz ha pubblicato una dimostrazione della trascendenza di *e* basata su princìpi ancora più elementari; infine Gordan ha introdotto una ulteriore semplificazione. Queste tre Memorie saranno riprodotte in un prossimo numero dei *Math. Annalen*[*].

Il problema è stato ridotto ad un livello tanto semplice che le dimostrazioni della trascendenza di *e* e di π dovranno essere ormai introdotte dappertutto, nell'insegnamento universitario.

La dimostrazione di Hilbert si appoggia su due proposizioni. Una di esse enuncia semplicemente la trascendenza di *e*, cioè l'impossibilità di una equazione della forma:

$$a + a_1 e + a_2 e^2 + \ldots + a_n e^n = 0, \tag{1}$$

dove $a, a_1, a_2, \ldots, a_n$ rappresentano numeri interi.

È questo il primitivo teorema di Hermite. Per dimostrare la trascendenza di π è richiesta un'altra proposizione (dovuta a Lindemann) che afferma l'impossibilità di una equazione della forma:

$$a + e^{\beta_1} + e^{\beta_2} + \ldots + e^{\beta_n} = 0 \tag{2}$$

in cui *a* è un numero intero e gli esponenti sono numeri algebrici, radici di una equazione algebrica:

$$b\beta^m + b_1 \beta^{m-1} + b_2 \beta^{m-2} + \ldots + b_m = 0$$

dove $b, b_1, b_2, \ldots, b_m$ rappresentano numeri interi.

Si noti che l'ultima proposizione comprende di fatto la prima come caso particolare, perché è evidentemente possibile che i ß siano interi razionali e tutte le volte che le radici dell'equazione relativa ai ß diventano tra loro eguali i corrispondenti termini dell'equazione (2) si compattano in un unico termine $a_k e^\beta$. La prima proposizione è stata dunque introdotta per via della sua semplicità.

---

[3] 1893, n° 2, p. 113.
[*] Si tratta di lavori usciti sui *Göttinger Nachrichten* e sui *Comptes Rendus* e poi riprodotti, come anticipa Klein, nei *Math. Annalen*, t. XLIII (1894), pp. 216-224. Come si vedrà più avanti, la dimostrazione di Hilbert non era in realtà del tutto elementare, in quanto conteneva un residuo del procedimento di Hermite, nella considerazione di un opportuno integrale definito.

L'idea fondamentale sulla quale poggia la dimostrazione dell'impossibilità dell'equazione (1) consiste nel sostituire le quantità:

$$1 : e : e^2 : \ldots : e^n,$$

rispetto alle quali l'equazione è omogenea, con le quantità loro proporzionali:

$$I_0 + \varepsilon_0 : I_1 + \varepsilon_1 : I_2 + \varepsilon_2 : \ldots : I_n + \varepsilon_n$$

determinate in modo tale che ognuna di esse sia formata da un intero I e una piccolissima frazione ε. L'equazione prende allora la forma:

$$(aI_0 + a_1I_1 + \ldots + a_nI_n) + (a\varepsilon_0 + a_1\varepsilon_1 + \ldots + a_n\varepsilon_n) = 0. \qquad (3)$$

Ora, si può dimostrare che le I e le ε possono sempre essere scelte in modo tale che la quantità nella prima parentesi, naturalmente intera, sia differente da zero, mentre la quantità nella seconda parentesi diventi contemporaneamente una frazione propria. Dal momento che la somma di un intero e di una frazione propria non può essere nulla, l'equazione (1) è manifestamente impossibile.

Questa è la sostanza della dimostrazione di Hilbert. L'unica difficoltà consiste nel determinare convenientemente gli interi I e le frazioni ε. A tal fine, Hilbert utilizza un integrale definito suggeritogli dalle ricerche di Hermite:

$$J = \int_0^\infty z^\rho \left[(z-1) \ldots (z-n)\right]^{\rho+1} e^{-z}\, dz$$

in cui e designa un intero che si determinerà in seguito. Moltiplicando ogni termine dell'equazione (1) per tale integrale e dividendo per $e!$, la (1) potrà evidentemente mettersi nella forma:

$$\left(a\frac{\int_0^\infty}{\rho!} + a_1 e \frac{\int_1^\infty}{\rho!} + a_2 e^2 \frac{\int_2^\infty}{\rho!} + \ldots + a_n e^n \frac{\int_n^\infty}{\rho!} \right) + \left(a_1 e \frac{\int_0^n}{\rho!} + a_2 e^2 \frac{\int_0^n}{\rho!} + \ldots + a_n e^n \frac{\int_0^n}{\rho!} \right) = 0$$

ovvero, indicando per brevità con P_1 e P_2 le quantità in parentesi, sotto la forma:

$$P_1 + P_2 = 0.$$

Ora, si può dimostrare che i coefficienti $a, a_1, a_2, \ldots, a_n$ in P_1 sono tutti interi e che ρ può scegliersi in modo tale che P_1 sia diverso da zero e nello stesso tempo sufficientemente grande perché P_2 diventi piccolo a piacere.

In tal modo, l'equazione (1) si riconduce chiaramente alla forma impossibile (3).

Dimostriamo ora le proprietà appena enunciate, relative a P_1 e P_2.

Si vede facilmente, dapprima, che l'integrale J è un intero divisibile per $\rho!$, in virtù della ben nota relazione:

$$\int_0^\infty z^\rho e^{-z} dz = \rho!.$$

Analogamente, se si operano le sostituzioni $z = z'+1$, $z = z'+2$, ..., $z = z'+n$, si riconosce che gli integrali, moltiplicati per le potenze di e:

$$e\int_1^\infty, \ e^2\int_2^\infty, \ ..., \ e^n\int_n^\infty$$

sono numeri interi divisibili per $(\rho+1)!$. Ne segue che P_1 è un intero della forma:

$$P_1 \equiv \pm a(n!)^{\rho+1} \ [mod. \ (\rho+1)].$$

Di conseguenza, se si sceglie ρ in modo tale che il secondo membro di questa congruenza non sia divisibile per $\rho+1$, P_1 risulta diverso da zero.

Relativamente alla condizione che P_2 possa diventare piccolo a piacere, essa è evidentemente soddisfatta se si prende un valore sufficientemente grande di ρ e ciò è perfettamente compatibile con la condizione di non divisibilità di J per $\rho+1$. In effetti, in virtù del *teorema della media*, gli integrali possono essere sostituiti da potenze di costanti con esponente ρ e l'accrescimento di una potenza, per valori sufficientemente grandi di ρ, è sempre inferiore a quello del fattoriale che compare al denominatore.

La dimostrazione dell'impossibilità dell'equazione (2) è del tutto analoga. In luogo dell'integrale J, si dovrà usare l'integrale:

$$J' = b^{m(\rho+1)} \int_0^\infty z^\rho [(z-\beta_1)(z-\beta_2) ... (z-\beta_m)]^{\rho+1} e^{-z} dz,$$

in cui i β sono radici dell'equazione algebrica:

$$b\beta^m + b_1\beta^{m-1} + ... + b_m = 0.$$

L'integrale si potrà allora scomporre nel modo seguente:

$$\int_0^\infty = \int_0^\beta + \int_\beta^\infty,$$

in cui è evidente che il cammino d'integrazione dovrà determinarsi conve-

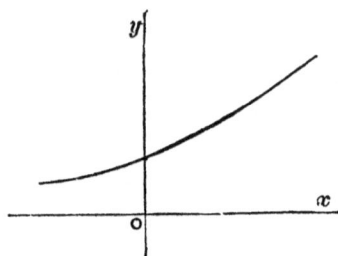

nientemente per i i valori complessi di β. Per maggiori dettagli debbo communque rinviare alla memoria di Hilbert.

Ammessa l'impossibilità dell'equazione (2), si ottiene facilmente la trascendenza di π attraverso le seguenti considerazioni, indicate per la prima volta da Lindemann.

Si osservi in primo luogo, come conseguenza del nostro teorema, che ad *eccezione del punto x=0, y=1, la curva esponenziale y = e^x non ha alcun punto algebrico*, cioè alcun punto le cui coordinate siano numeri algebrici. Detto altrimenti, per quanto grande sia il numero dei punti algebrici dai quali si possa concepire ricoperto il piano, quale che ne sia la densità, la curva esponenziale segue il suo corso sul piano senza mai incontrarne, eccezione fatta per il solo punto (0,1). Questo curioso risultato può dedursi, nel modo seguente, dall'impossibilità dell'equazione (2): sia y una quantità algebrica qualunque (cioè una radice di una equazione algebrica), e siano y_1 y_2, ... le altre radici della stessa equazione, impiegando notazioni analoghe per x. Allora, se la curva $y = e^x$ possedesse un punto algebrico (x, y) diverso da $(0,1)$, dovrebbe evidentemente valere l'equazione:

$$\left.\begin{array}{l}(y-e^x)(y_1-e^x)(y_2-e^x)\ldots\\(y-e^{x_1})(y_1-e^{x_1})(y_2-e^{x_1})\ldots\\(y-e^{x_2})(y_1-e^{x_2})(y_2-e^{x_2})\ldots\\\ldots\ldots\ldots\ldots\ldots\ldots\ldots\ldots\ldots\\\ldots\ldots\ldots\ldots\ldots\ldots\ldots\ldots\ldots\\\ldots\ldots\ldots\ldots\ldots\ldots\ldots\ldots\ldots\end{array}\right\} = 0.$$

Ma questa equazione, quando si effettuano le operazioni indicate prima, prende la forma (2), forma che si è dimostrata impossibile.

A questo punto, basta considerare la ben nota identità:

$$1 = -e^{i\pi}$$

che è un caso particolare di $y = e^x$. Poiché in questa identità $y = 1$ è algebrico, $x = i\pi$ è necessariamente trascendente.

Nota bibliografica di M.L. Laugel

Circa due anni fa, Klein ha tenuto su questo argomento (e su altri ad esso collegati) alcune conferenze pubblicate in *Vorträge über ausgewählte Fragen der Elementargeometrie, ausgearbeit von Tagert,* Teubner, 1895, tradotto da Griess, Nony editore, 1896 (vedere la recensione nel *Bulletin de M. Darboux,* t. XXII, serie 2, marzo 1896)*. Klein vi tratta in dettaglio la trascendenza di e e di π e, tra gli altri argomenti, espone la teoria delle equazioni binomie e la costruzione dei poligoni regolari, in particolare quello di 17 lati.

Su quest'ultimo argomento, Gerard ha recentemente pubblicato nei *Mathematische Annalen* (t. XLVIII, 3, 1896) una Nota in cui dà per primo la costruzione del poligono regolare di 17 lati con il solo compasso. In seguito, nel n°11 (marzo 1897) del *Bulletin de Math. élémentaires di Niewenglowski,* di cui è redattore capo, ha notevolmente semplificato la costruzione. In questa breve Nota ottiene, con il solo compasso, tracciando *solo* 23 cerchi, i poligoni regolari di 3, 4, 6, 10, 15 e 17 lati.

---

* Si può vedere la trad. italiana di F. Giudice segnalata in [Klein 1895].

Conferenza VIII
(*5 settembre 1893*)

I numeri ideali

La Teoria dei numeri è di solito considerata eccessivamente difficile, astratta e senza alcun rapporto con gli altri campi della Matematica. Tale giudizio è senza dubbio dovuto in gran parte ai metodi espositivi adottati nelle opere di Kummer, Kronecker, Dedekind[*] e altri che hanno contribuito, più di tutti, ai progressi di questa scienza. Così, si dice che Kummer abbia una volta detto che la Teoria dei numeri era il solo settore puro della nostra scienza, non contaminato ancora dal contatto con le applicazioni.

Recenti ricerche hanno però mostrato, in modo molto chiaro, che c'è una correlazione molto intima tra la Teoria dei numeri e altri settori della Matematica, compresa la Geometria.

Come esempio, citerò la teoria della riduzione delle forme quadratiche binarie, come è stata trattata nelle *Elliptische Modulfunctionen* (Klein-Fricke[**]) con un metodo che può estendersi a un numero maggiore di dimensioni senza serie difficoltà. Un altro esempio, di cui certamente vi ricordate, si trova nella memoria di Minkowski[***]: "Sur les propriétés des nombres entiers qui sont derivées de l'intuition de l'espace", di cui ho avuto il piacere di presentarvi una rapida analisi al Congresso di Chicago. La Geometria vi è usata direttamente per sviluppare nuove verità aritmetiche.

Desidero oggi intrattenervi sulla *composizione delle forme algebriche binarie*, argomento che Gauss trattò per primo nelle *Disquisitiones arithmeticae*[1], e sulla corrispondente teoria dei *numeri ideali* di Kummer.

Questi argomenti sono sempre stati considerati molto astratti benché, in una certa misura, Dirichlet sia riuscito a semplificare l'esposizione di Gauss. Potrà accadere, invece, che le considerazioni geometriche con le quali tratto tali questioni introducano un così alto grado di semplicità e di

---

[*] Richard Dedekind (1831-1916).
[**] Robert Fricke (1861-1930).
[***] Hermann Minkowski (1864-1909).
[1] Cfr. Gauss, *Opere*, t. I, p. 239, sez. V, paragrafi 238-44.

chiarezza che coloro che non sono familiari con la vecchia esposizione avranno difficoltà a concepire questo argomento come estremamente difficile e astratto. Nel gennaio 1893, ho esposto queste considerazioni nei *Göttinger Nachrichten* e, all'inizio del semestre estivo di quell'anno, ne ho fatto oggetto di un corso. Ho saputo dopo che idee analoghe erano già state proposte da Poincaré nel 1881, ma mi è mancato il tempo di stabilire un confronto tra i nostri lavori.

Scrivo una forma quadratica binaria nel modo seguente:

$$f = ax^2 + bxy + cy^2,$$

cioè senza il fattore 2 nel secondo termine. Alcuni vantaggi di questa notazione sono stati recentemente esposti da Henri Weber[*] nei *Göttinger Nachrichten* del 1892-93. Si suppone naturalmente che le quantità a,b,c; x,y siano numeri interi.

Bisogna osservare che, in Teoria dei numeri, a differenza della Geometria proiettiva, un fattore comune ai coefficienti a,b,c non può né introdursi né sopprimersi a piacere; in altre parole, si ha a che fare con una forma, non con una equazione. Supporremo di conseguenza che i coefficienti a,b,c non abbiano fattori comuni. Una tale forma si dice *primitiva*.

Quanto al discriminante:

$$D = b^2 - 4ac,$$

supporremo che non ammetta alcun divisore quadratico (e perciò non possa essere esso stesso un quadrato) e che sia diverso da zero. Così si ha $D \equiv 0$ oppure $D \equiv 1 \pmod{4}$.

Dei due casi da considerare separatamente:

$$D < 0, \quad D > 0,$$

scelgo il primo, in quanto più semplice. Peraltro, ho trattato entrambi i casi nel corso cui ho fatto allusione.

La seguente rappresentazione geometrica elementare della forma quadratica binaria è stata data da Gauss che, com'è noto, era molto incline a usare considerazioni geometriche in tutti i settori della Matematica.

Si costruisca un parallelogramma i cui due lati adiacenti siano eguali rispettivamente a $\sqrt{a}$, $\sqrt{c}$ e comprendano un angolo φ, sicché:

---

[*] Recte Heinrich Weber (1842-1913).

$$\cos\varphi = \frac{b}{2\sqrt{ac}}.$$

Dal momento che $b^2 - 4ac < 0$, a e c sono necessariamente concordi. Ammetteremo qui che siano entrambi positivi; il caso in cui fossero entrambi negativi si riconduce al precedente con un cambiamento di segno. Si prolunghino ora indefinitamente i lati del parallelogramma e si tirino delle parallele, come in figura, in modo da ricoprire tutto il piano con una rete di parallelogrammi fra loro eguali. La chiamerò *rete di parallele*.

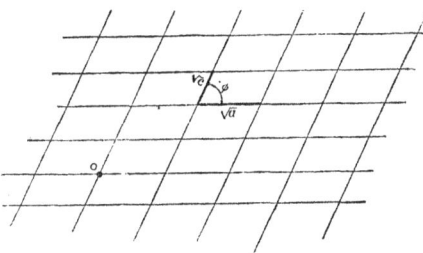

Si scelga ora un'intersezione, o vertice, come origine O; ogni altro vertice si indicherà con il simbolo (x,y), essendo x il numero dei lati $\sqrt{a}$ e y il numero dei lati $\sqrt{c}$, che occorre attraversare per portarsi da O fino a (x,y). Allora ogni valore assunto dalla forma f, per valori interi di x, y, rappresenta evidentemente il quadrato della distanza del punto (x,y) dall'origine O. La rete fornisce così una rappresentazione geometrica completa della forma quadratica binaria. Il discriminante D è anche suscettibile di una semplice interpretazione geometrica, essendo l'area di ogni parallelogramma uguale a:

$$\frac{1}{2}\sqrt{-D}.$$

Ora in Teoria dei numeri, due forme, per esempio:

$$f = ax^2 + bxy + cy^2 \quad \text{e} \quad f' = a'x'^2 + b'x'y' + c'y'^2,$$

sono considerate *equivalenti* quando possono dedursi l'una dall'altra per mezzo di una sostituzione lineare di determinante unitario:

$$\left.\begin{array}{l}x' = \alpha x + \beta y \\ y' = \gamma x + \delta y\end{array}\right\} = \begin{pmatrix} \alpha, & \beta \\ \gamma, & \delta \end{pmatrix}$$

α, β, γ, δ essendo interi che soddisfano la condizione $\alpha\delta - \beta\gamma = 1$.

Si dice che tutte le forme equivalenti a una forma data costituiscono una *classe* di forme quadratiche; queste forme hanno tutte lo stesso discriminante. Ciò che corrisponde, nella nostra rappresentazione geometrica, a tale fondamentale nozione di *equivalenza*, salta subito agli occhi se si fissa per un momento l'attenzione solo sui vertici della rete; si ottiene allora ciò che propongo di chiamare una *rete di punti*. Tale rete di punti può trasformarsi, in molti modi, in rete di rette mediante due sistemi di parallele; con maggiore precisione, una rete di punti rappresenta un numero infinito di reti di rette. Ora, uno studio elementare fornisce il risultato che la rete di punti è l'immagine geometrica della *classe* di forme quadratiche binarie e il numero infinito di reti di rette, che comprende la rete di punti, corrisponde esattamente al numero infinito di forme binarie contenute nella classe.

D'altra parte, sempre dalla Teoria dei numeri, si sa anche che a ogni valore D, corrisponde solo un numero finito di classi; di conseguenza, a ogni D, corrisponde un numero finito di reti di punti il cui insieme sarà analizzato più avanti.

Tra le diverse classi che appartengono allo stesso valore di D, ce n'è una di particolare importanza, che chiamerò *classe principale* e che è definita come comprendente la forma:

$$x^2 - \frac{1}{4}Dy^2$$

nel caso $D \equiv 0 \pmod 4$ e la forma:

$$x^2 + xy + \frac{1}{4}(1-D)y^2,$$

nel caso $D \equiv 1 \pmod 4$. Si vede facilmente che le reti corrispondenti sono estremamente semplici. Quando $D \equiv 0 \pmod 4$, la rete principale è rettangolare, essendo i lati del parallelogramma eguali a 1 ed a:

$$\sqrt{-\frac{1}{4}D}.$$

Nel caso $D \equiv 1 \pmod 4$, il parallelogramma si trasforma in losanga. Per semplicità, parlerò solo del primo caso.

Si passi ora alla definizione dei numeri complessi relativi alla rete principale di tipo rettangolare. Il punto (x,y) della rete rappresenterà semplicemente il numero complesso:

$$x + \sqrt{-\frac{1}{4}D}y.$$

Tali numeri si diranno *numeri principali*.

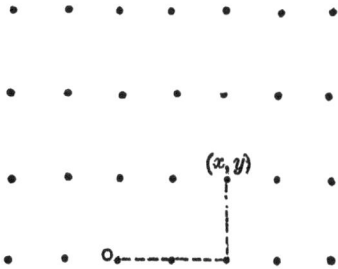

In ogni sistema numerico le leggi della moltiplicazione sono fondamentali. Per quanto attiene ai numeri principali, è facile dimostrare che il prodotto di due qualunque di essi dà sempre un numero principale: *relativamente alla moltiplicazione, il sistema dei numeri principali forma un sistema in sé completo*.

Passiamo ora alla considerazione delle reti, di discriminante D, che non fanno parte della classe principale e che chiameremo *reti secondarie*. Prima però di studiare le leggi della moltiplicazione per i corrispondenti numeri, devo richiamare la vostra attenzione sul fatto che permane nella nostra rappresentazione un certo elemento di arbitrarietà, di cui non si è ancora tenuto conto. Si tratta dell'*orientamento* della rete, che può considerarsi come dato dagli angoli ψ e χ, compresi rispettivamente tra i lati $\sqrt{a}$, $\sqrt{c}$ e qualche retta fissata inizialmente.

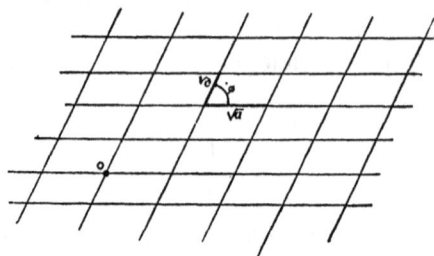

Per l'angolo φ del parallelogramma, si ha evidentemente $\varphi = \chi - \psi$. Il punto (x,y) della rete fornirà così il numero complesso:

$$e^{i\psi}\left[\sqrt{ax} + \frac{-b+\sqrt{D}}{2\sqrt{a}}y\right] = e^{i\psi}\sqrt{ax} + e^{i\chi}\sqrt{cy}.$$

che chiameremo *numero secondario*. La definizione di questo numero è dunque indeterminata, finché non si siano fissati gli angoli ψ o χ.

Ora, se per ogni rete secondaria di punti si determina convenientemente ψ, è sempre possibile stabilire che: *il prodotto di due numeri complessi qualunque, presi nell'insieme di tutte le nostre reti, è ancora un numero complesso del sistema*; così, l'insieme di questi numeri complessi forma ancora, rispetto alle leggi della moltiplicazione, un sistema in sé completo.

Inoltre, la moltiplicazione combina le reti tra loro in modo ben determinato. Cioè, moltiplicando un numero qualunque della rete L_1 per un numero qualunque della rete L_2, otterremo un numero appartenente a una rete L_3, ben determinata.

Tali proprietà corrispondono esattamente alle proprietà caratteristiche della *composizione delle forme algebriche* di Gauss. In effetti, la legge di Gauss afferma che il prodotto di due numeri ordinari, rappresentabili rispettivamente con due forme primitive f_1 e f_2 di discriminante D, è ancora ugualmente rappresentabile con una forma primitiva f_3 di discriminante D. Questa legge è compresa nel teorema appena enunciato, perché i valori di $\sqrt{f_1}$, $\sqrt{f_2}$, $\sqrt{f_3}$, rappresentano le distanze dall'origine dei punti delle reti. Si osservi contemporaneamente che la legge di Gauss non è esattamente equivalente al nostro teorema perché, nella moltiplicazione dei nostri numeri complessi, non solo si moltiplicano fra loro le distanze ma si sommano anche gli angoli.

Non è impossibile che lo stesso Gauss abbia fatto uso di considerazioni analoghe nella scoperta della sua legge, che presenta un carattere totalmente astratto al di fuori di questa interpretazione geometrica.

Resta da esporre il rapporto che queste ricerche hanno con i numeri ideali di Kummer. Ciò rientra nella questione della divisibilità dei nostri numeri complessi e della scomposizione di questi numeri in fattori primi.

Nella usuale Teoria dei numeri reali, ogni numero è scomponibile in fattori primi in un unico modo. Questa legge fondamentale vale ancora per i nostri numeri complessi? Per rispondere a tale questione, dobbiamo operare una distinzione tra il sistema formato dalla totalità dei complessi e quello dei soli numeri principali.

Per il primo sistema, la risposta è affermativa: ogni complesso è scomponibile in modo unico in complessi primi. Non ci soffermeremo qui sulla dimostrazione di tale proposizione, che deriva direttamente dalla teoria elementare delle forme quadratiche binarie. Ma, se consideriamo soltanto il sistema dei numeri principali, la situazione è completamente diversa. Si presentano ora dei casi in cui un numero principale può scomporsi in più modi in fattori primi, cioè in fattori – numeri principali – che non possono essi stessi scomporsi in fattori principali; così si può avere:

$$m_1 \, m_2 = n_1 \, n_2,$$

essendo m_1, m_2, n_1, n_2 numeri principali primi. La ragione di questa situazione è dovuta al fatto che i numeri principali non conservano più il carattere di numeri primi quando aggiungiamo al sistema i numeri secondari, ma diventano scomponibili nel modo seguente:

$$m_1 = \alpha \cdot \beta, \; m_2 = \gamma \cdot \delta$$

$$n_1 = \alpha \cdot \gamma, \; n_2 = \beta \cdot \delta,$$

essendo α, β, γ, δ numeri primi del sistema esteso.

Studiando la legge della divisibilità, non è dunque comodo considerare solo il sistema principale; è meglio introdurvi i numeri secondari.

Kummer, affrontando lo studio di simili questioni, non aveva a disposizione che i sistemi principali; riconoscendo allora l'imperfezione delle leggi di divisibilità che ne risultavano, introdusse per definizione i suoi *numeri ideali* per ristabilire l'armonia con le ordinarie leggi di divisibilità. Si vede così come i numeri ideali di Kummer non siano altro che rappresentanti astratti dei nostri numeri secondari. La difficoltà che incontrano tutti quelli che affrontano per la prima volta lo studio dei numeri ideali di Kummer è dunque, alla fine, dovuta al modo di esposizione dell'autore. Introducendo fin dall'inizio la considerazione dei numeri secondari, non c'è più alcuna difficoltà.

È vero che non vi ho parlato qui dei numeri complessi in cui figurano radici quadrate, mentre le ricerche di Kummer e dei suoi successori, Kronecker e Dedekind, abbracciano tutti i numeri algebrici possibili. Ma i nostri metodi sono applicabili con grande generalità. È solo necessario costruire le nostre reti in spazi pluridimensionali. Ma ciò ci costringerebbe a entrare in troppi dettagli.

Nota bibliografica di M.L. Laugel

La Memoria di Minkowski, apparsa nei già citati *Mathematical Papers* del Congresso di Chicago, è stata tradotta nei *Nouvelles Annales de Mathématiques*, serie 3, t. XV (1896). Si può anche vedere una sua ampia Memoria su "La généralisation des fractions continues" pubblicata in francese negli *Annales de l'École normale*, serie 3, t. XIII (febbraio 1896). È doveroso ricordare anche il suo libro, *Geometrie der Zahlen* (Leipzig, Teubner), il cui primo fascicolo è appena apparso e che farà epoca nella teoria dei numeri. Di quest'opera già celebre, si veda la recensione nel *Bulletin de M. Darboux*, t. XXI (gennaio 1897).

Sempre in quest'ordine di idee, a proposito dell'intuizione geometrica, Klein ha pubblicato una Nota nei *Göttinger Nachrichten* (ottobre 1895), "Sur un représentation géométrique du developement en fraction continue ordinarie", che è stata tradotta nelle *Nouvelles Annales*, s. 3, t. XV (luglio 1898).

Sulla riduzione delle forme quadratiche, Hurwitz ha pubblicato due articoli notevoli (come tutto ciò che esce dalla penna di questo illustre autore). Il primo è stato pubblicato nel già citato volume del Congresso di Chicago con il titolo: *"Über die Reduction der binären quadratischen Formen"*. Una sua traduzione apparirà fra qualche mese nelle *Nouvelles Annales de Math.* La seconda Memoria, molto più ampia (85 pagine), è apparsa nel tomo XLV dei *Math. Annalen*.

L'articolo di Poincaré di cui parla Klein è: "Sur un mode nouveau de représentation des formes quadratiques définies ou indéfinies" (*Journal de l'École polytechnique*, cahier 4, t. XXVII, pp. 177-245). Questa Memoria è stata rapidamente analizzata nel *Bulletin de M. Darboux*, s. 2, t. V (1884), parte II, pp. 115-116.

Su argomenti simili, recentemente, Furtwangler[*] ha pubblicato una tesi interessante: *Theorie der in Linearfactoren zerlegbaren ganzähligen ternären cubischen Formen*, Göttingen, 1896.

I metodi originali esposti da Klein sono stati oggetto del suo ultimo corso pubblicato con il titolo: *Vorlesungen über ausgewählte Kapitel der Zahlentheorie*, (I, II). Il corso è stato analizzato dall'illustre professore nei *Math. Annalen*, t. XLVIII (1897), pp. 562-588.

Le prime ricerche di Kummer sui numeri ideali si trovano nel *Journal de Crelle*, t. XXXV; nel *Journal de Liouville*, XVI e nelle *Memorie dell'Accademia di Berlino*, 1856. Si troverà un elenco dettagliato e molto completo delle sue opere, in ordine

---

[*] Philipp Furtwangler (1869-1940).

cronologico, nel bel necrologio di Kummer fatto da Lampe (*Jahresbericht d. D.M.V.*, t. III, 1892-93, pp. 13-28).

Si sa che Dedekind ha edificato, sulle basi poste da Kummer, una teoria nuova e originale di straordinaria perfezione: quella degli interi algebrici, che riposa sulla nozione originale – dovuta al solo Dedekind – degli *ideali* (da non confondersi con i *numeri ideali* di Kummer). La teoria è stata esposta da Dedekind nell'ultimo supplemento alle *Lezioni di Dirichlet sulla teoria dei numeri* (2ª, 3ª e 4ª edizione)*. Questo grande supplemento è stato ogni volta accresciuto e rivisto e ha finalmente raggiunto quella perfezione che si può ammirare nella quarta edizione. Una prima traduzione francese è stata pubblicata da Houel nel *Bulletin des Sc. math. et astronomiques*, s. I, t. XI, pp. 278-88 e s. II, t. I, pp. 17-41, 69-92, 144-64, 207-48.

Oggi, questa grande teoria degli ideali di Dedekind, assieme alla teoria dei gruppi di Galois, è diventata la base dell'Algebra moderna e della Teoria dei numeri; è indispensabile conoscerla per poter studiare i lavori recenti su tali argomenti. Si vedano le belle e classiche opere di H. Weber: *Elliptische Functionen und algebraische Zahlen* e *Lehrbuch der Algebra*, Vieweg, Brunswick. È anche su tali teorie che Hilbert ha edificato quel capolavoro che ha per titolo: "Théorie des corps de nombres algébriques" (*Jahresbericht d. D.M.V.*, t. IV, 1894-95, pp. I-XVIII e 177-446).

È interessante e degno di rilievo vedere, nell'ultimo corso di Klein, un gran numero di questioni appartenenti a questo contesto trattate geometricamente, in base ai metodi intuitivi di cui è inventore.

Gli appassionati dell'Aritmetica ci saranno forse grati per la segnalazione di una recente pubblicazione sulla storia di questa disciplina. Stiamo parlando di Eisenstein** e di una raccolta molto ampia di lettere inedite di questo genio meraviglioso "che per brevissimi istanti brillò con lo splendore di una meteora per sparire altrettanto rapidamente": "Autobiographie von Gotthold Eisenstein und biographische Notizen, herausgegeben von F. Rudio", pp. 145-168, e di "Briefe von G. Eisenstein an M. A. Stern, herausgegeben von A. Hurwitz und F. Rudio", pp. 169-203 (*Abhandlungen zur Geschichte der Mathematik*, Teubner, Leipzig, 1896).

---

* Della terza edizione esiste una traduzione italiana, a cura di Aureliano Faifofer, dal titolo: *Lezioni di Teoria dei numeri di P.G. Lejeune Dirichlet pubblicate e corredate di Appendici da R. Dedekind, professore nella Scuola Tecnica Superiore Carolo-Guglielmina in Brunswick*, Venezia, Tipografia Emiliana, 1881.
** Gotthold Eisenstein (1823-1852).

Conferenza IX
(*6 settembre 1893*)

Sulla risoluzione delle equazioni algebriche di grado superiore

Un tempo per *risoluzione di un'equazione algebrica* si intendeva la sua risoluzione per radicali. Tutte le equazioni la cui soluzione non può esprimersi per radicali erano semplicemente classificate come *non risolubili*, anche se i loro gruppi di Galois possono avere caratteristiche molto differenti. Ancora oggi può capitare di veder riaffiorare idee simili e sicuramente inadeguate dopo il 1858, anno in cui Hermite e poco dopo Kronecker e Brioschi,[*] ottengono la risoluzione dell'equazione di 5° grado, almeno nelle sue linee fondamentali.

Si parla spesso di questa risoluzione come di una risoluzione *per funzioni ellittiche*, ma tale espressione non è del tutto precisa, almeno se la si considera come controparte dell'espressione *risoluzione per radicali*. In effetti, le funzioni ellittiche entrano nella soluzione dell'equazione di 5° grado, come i logaritmi entrano nella soluzione di una equazione per radicali (dato che questi ultimi possono appunto valutarsi mediante i logaritmi). *Per risoluzione di un'equazione si intenderà, in questa conferenza, la sua riduzione a certe equazioni algebriche normali*. Il fatto che le irrazionalità, per esempio nel caso dell'equazione di 5° grado, possano valutarsi con le tavole delle funzioni ellittiche (purché si possiedano tavole della classe corrispondente di queste funzioni) è certamente di per sé di grandissimo interesse, ma non ce ne occuperemo perché elemento estrinseco.

Io ho semplificato la risoluzione dell'equazione di 5° grado e credo di averla ridotta alla sua forma più semplice, con l'introduzione dell'equazione dell'icosaedro, come equazione normale conveniente[1]. In altri termini, l'equazione dell'icosaedro determina l'irrazionalità tipica, cui è riducibile la risoluzione dell'equazione di 5° grado. Lo stesso metodo è suscettibile di

---

[*] Francesco Brioschi (1824-1897).
[1] Si vedano le mie *Vorlesungen über das Ikosaeder und die Auflösung der Gleichungen vom fünften Grade*, Leipzig, Teubner, 1884.

una tale generalizzazione che con il suo aiuto si può considerare una teoria completa della risoluzione delle equazioni di grado superiore. È proprio su questo che desidero intrattenervi in questa conferenza.

Sottolineo, *en passant,* che parlerò di equazioni i cui coefficienti non sono definiti numericamente; le equazioni sono considerate dal punto di vista della teoria delle funzioni e i coefficienti corrispondono allora alle variabili indipendenti.

Quando si dice che un'equazione è risolubile per radicali, si intende che con l'aiuto di procedimenti algebrici essa può essere ricondotta ad una equazione binomia:
$$\eta^n = z,$$
dove z indica una quantità data; la sola considerazione nuova che bisogna allora fare è la valutazione di $\eta = \sqrt[n]{z}$.

Si confronti, da tale punto di vista, l'equazione dell'icosaedro con quella binomia.

L'equazione dell'icosaedro è la seguente equazione di 60° grado:
$$\frac{H^3(\eta)}{1728 f^5(\eta)} = z$$
in cui H è un'espressione numerica di grado *20*, f un'altra espressione di grado *12* e z è una quantità nota. Per quanto riguarda le espressioni di H, di f e altri dettagli, rinvio alle mie *Lezioni sull'icosaedro*. Ora desidero solo attirare la vostra attenzione sulle proprietà caratteristiche di questa equazione.

1° Si indichi con η una qualunque delle sue radici; allora le 60 radici possono esprimersi tutte come funzioni lineari di h con i coefficienti noti, come per esempio:
$$\eta, \quad \frac{1}{\eta}, \quad \varepsilon\eta, \quad \frac{(\varepsilon-\varepsilon^4)\eta-(\varepsilon^2-\varepsilon^3)}{(\varepsilon^2-\varepsilon^3)\eta+(\varepsilon-\varepsilon^4)}, \quad ecc.$$

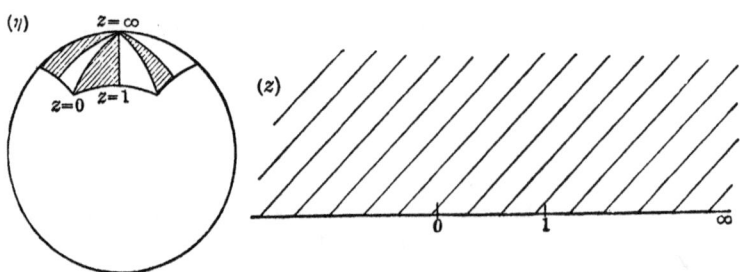

in cui si ha $\varepsilon = e^{\frac{2i\pi}{5}}$. Queste 60 quantità formano allora un gruppo di sostituzioni lineari.

2° Si rappresenti geometricamente la maniera in cui η dipende da z, operando la rappresentazione conforme del piano delle z su quello degli η o meglio sulla sfera η (tramite una proiezione stereografica).

I triangoli che corrispondono al semipiano superiore (ombreggiato) sono i triangoli alternativi (ombreggiati) sulla sfera degli η, ottenuti inscrivendo un icosaedro nella sfera e dividendo quindi ognuno dei 20 triangoli risultanti in 6 triangoli uguali, e simmetrici, mediante le altezze.

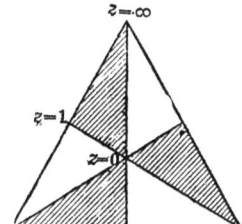

Questa rappresentazione conforme sulla sfera assegna ad ogni radice una regione determinata e perciò equivale ad una perfetta separazione delle 60 radici. D'altra parte, questa figura regolare corrisponde alle 60 sostituzioni lineari di cui si è detto.

3° Ponendo $\eta = \dfrac{y_1}{y_2}$, se rendiamo omogenee le sessanta espressioni delle radici, i diversi valori delle quantità y saranno tutti della forma:

$$\alpha y_1 + \beta y_2,$$
$$\gamma y_1 + \delta y_2,$$

e perciò soddisferanno una equazione differenziale lineare del secondo ordine:

$$y'' + py' + q = 0,$$

dove p e q sono funzioni razionali di z. È evidentemente sempre possibile esprimere ogni radice di una equazione mediante una serie di potenze. Nel caso in esame, ricondurremo il calcolo di h a quello di y_1 e y_2, provando in seguito a ottenere gli sviluppi in serie per tali quantità. Dal momento che queste serie devono soddisfare la nostra equazione differenziale del secondo ordine, la legge di formazione è relativamente semplice, in quanto ogni termine sarà esprimibile mediante i due termini che lo precedono.

4° Infine, come è stato già anticipato, il calcolo delle radici può essere facilitato dall'uso delle funzioni ellittiche, purché siano state prima calcolate le tavole di queste funzioni adatte al caso particolare considerato.

Si consideri ora cosa corrisponde a questi quattro passi nel caso dell'equazione binomia. I risultati sono del resto ben noti.

1° Tutte le η radici sono esprimibili come funzioni lineari di una qualsiasi di esse, η:

$$\eta, \; \varepsilon\eta, \; \varepsilon^2\eta, \; ..., \; \varepsilon^{n-1}\eta,$$

essendo ε una radice n^{ma} primitiva dell'unità.

2° La rappresentazione conforme, rappresentata nella figura, scompone la superficie sferica in *2n* parti eguali, determinate dai cerchi massimi passanti tutti per gli stessi due punti diametrali.

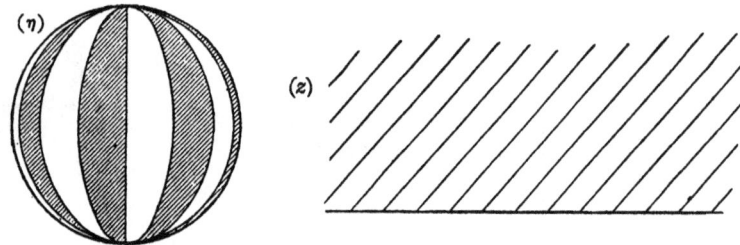

3° Esiste una equazione differenziale del primo ordine in h:

$$nz \cdot \eta' - \eta = 0,$$

da cui si possono dedurre serie semplici per il calcolo numerico delle radici.

4° Se si trovasse scomodo l'uso di queste serie, allora si potrebbe fare ricorso ai logaritmi.

L'analogia, come si vede, è completa. La differenza principale tra i due casi è che, nel caso dell'equazione binomia, le sostituzioni lineari comprendono una sola grandezza mentre, nel caso dell'equazione di 5° grado, si è in presenza di un gruppo di sostituzioni lineari *binarie*. Una distinzione analoga ha luogo per le equazioni differenziali; quando l'equazione è binomia, quella differenziale è di primo ordine, mentre nel caso dell'equazione di 5° grado è del secondo ordine.

Si possono ora aggiungere alcune osservazioni sulla riduzione della equazione generale di 5° grado, $f_5(x) = 0$, a quella dell'icosaedro. La riduzione è possibile perché il gruppo di Galois della equazione di 5° grado (con l'aggiunta della radice quadrata del discriminante) è isomorfo al gruppo delle 60 sostituzioni lineari dell'equazione dell'icosaedro. Questa riducibilità non implica necessariamente la conoscenza delle operazioni necessarie per effettuare la riduzione. Questa ricerca costituisce l'oggetto della seconda parte delle mie *Lezioni sull'icosaedro*. Vi si trova che la riduzione non può essere fatta razionalmente, ma implica l'introduzione di una radice quadrata. L'irrazionalità così introdotta è di una specie particolare, detta *aggiunta*; in realtà, non deve essere tale che il gruppo di Galois dell'equazione diventi riducibile.

Passo ora alla considerazione del problema generale, relativo alla analoga trattazione per le equazioni di grado superiore, come l'ho esposta dapprima nei *Math. Annalen*, tomo XV, 1879[2]. In una trattazione più precisa, sarebbe necessaria una netta distinzione tra l'approccio omogeneo e quello proiettivo. (In quest'ultimo caso, sono solo i rapporti delle variabili omogenee che entrano in gioco). Mi si permetta, invece, di ignorare qui tale distinzione.

Si consideri il seguente problema generale: *dato un gruppo finito di sostituzioni lineari omogenee di n variabili, calcolare i valori delle n variabili mediante gli invarianti del gruppo*. Questo problema comprende evidentemente quello relativo alla risoluzione di un'equazione algebrica con gruppo di Galois qualunque. In effetti, in questo caso si conoscono tutte le funzioni razionali delle radici, che restano inalterate per certe permutazioni delle radici, e l'operazione detta *permutazione* è evidentemente un caso semplice delle *trasformazioni lineari omogenee*.

Per la trattazione di problemi così differenziati, propongo ora il seguente metodo generale. *Tra i problemi relativi ai gruppi isomorfi, considereremo più semplice quello in cui si presenta il numero minimo di variabili e lo indicheremo con il nome di* PROBLEMA NORMALE. *Questo problema deve considerarsi risolubile per mezzo di serie qualunque. Si presenta allora la questione della riduzione al* PROBLEMA NORMALE *degli altri problemi isomorfi*.

Questo enunciato contiene, dunque, ciò che propongo come risoluzione generale delle equazioni algebriche, cioè la riduzione dell'equazione al problema isomorfo con il minimo numero di variabili. La riduzione dell'equazione di 5° grado al problema dell'icosaedro è un caso particolare di tale problema, il numero minimo di variabili essendo in questo caso due.

Per concludere, esporrò rapidamente il punto cui si è giunti nella trattazione del problema generale relativo alle equazioni di grado superiore, citando anzitutto la discussione intercorsa tra me stesso[3] e Gordan[4]. In questo

---

[2] "Über die Auflösung gewisser Gleichungen vom siebenten und achten Grade", pp. 251-282.
[3] *Math. Annalen*, t. XV (1879), pp. 251-282.
[4] *Math. Annalen*, t. XX (1882), pp. 515-530 e t. XXV (1885), pp. 459-521. "Sur les équations du 7e degrée ayant un groupe de 168 substitutions".

caso, il numero minimo di variabili è uguale a 3 e il gruppo ternario è lo stesso gruppo delle 168 sostituzioni lineari che ho successivamente discusso in dettaglio nel tomo I delle *Elliptische Modulfunctionen*. Mentre io mi sono limitato a una esposizione generale, Gordan ha eseguito il calcolo effettivo della riduzione dell'equazione di 7° grado al problema normale. Si tratta senza dubbio di un lavoro meraviglioso, sebbene si debba deplorare che Gordan non abbia voluto svelarci – qui come altrove – la maturazione delle sue idee, indipendentemente dall'imponente complesso delle formule.

Devo anche citare una Memoria, pubblicata nei *Math. Annalen*[5], in cui ho fatto vedere, come per le equazioni generali di grado 6 e 7, il numero minimo, relativo al problema normale, sia *4* (indicando anche come può effettuarsi la riduzione).

Infine, in una lettera indirizzata a Camille Jordan[6], ho illustrato la possibilità della riduzione dell'equazione di 27° grado, che si presenta nella teoria delle superfici cubiche, a un problema normale che comprende similmente 4 variabili. Questa riduzione è stata successivamente operata[7] in maniera molto semplice da Burkhardt[*], mentre tutti i gruppi quaternari qui considerati sono stati studiati in dettaglio da Maschke[8].

Se questo è quanto è stato realizzato, è chiaro che nello stesso ordine d'idee ci sono ancora grandi progressi da fare e senza difficoltà molto serie. Proporrò anzitutto il seguente problema. Negli ultimi anni si sono studiati i gruppi di 6, 7, 8, 9, ... lettere. C'è ora il problema di determinare, caso per caso, il numero minimo di variabili con le quali possono formarsi gruppi isomorfi di sostituzioni lineari. In secondo luogo, desidererei attirare la vostra attenzione sul caso dell'equazione generale di 8° grado. In questo caso non sono riuscito a trovare una semplificazione, sicché sembrerebbe che l'equazione di 8° grado sia essa stessa il suo problema normale. Sarebbe senza dubbio interessante pervenire a qualche risultato certo su questo punto.

---

[5] T. XXVIII (1887), pp. 499-532. "Sur les équations, générales des degrés 7 et 8".
[6] *Journal de Math. pures et appliquées*, 1888, p. 169.
[7] "Recherches dans le domaine des fonetions modulaires hyperelliptiques" 3ᵉ partie, *Math. Annalen*, t. XLI (1893), pp. 313-343.
[*] Heinrich Burkhardt (1861-1914).
[8] "Sur les groupes quaternaire finis de substitutions linéaires dans la théorie des modules de Borchardt", *Math. Annalen*, t. XXX (1888), pp. 496-515; "Représentation du système complet de formes d'un groupe quaternaire de 51840 substitutions linéaires", t. XXXIII (1889), pp. 317-344 e "Sur une remarquable figure formé par des droites dans l'espace", t. XXXVI (1890), pp. 190-215.

Nota bibliografica di M.L. Laugel

Tra gli ultimi lavori pubblicati sull'equazione di quinto grado, ci limiteremo a citare i seguenti del grande geometra italiano Brioschi: "Sur une classe d'équations du cinquième degré" (*Annales de l'École normale supérieure*, s. 3, t. XII, 1895); "Sur une classe d'équations du cinquième degré résolubles algébriquement et sur la transformation du 11e ordre des fonctions elliptiques" (Memoria presentata al Congresso di Zurigo, agosto 1897). Brioschi ha anche pubblicato la Memoria: "Sur l'équation du sixième degré" (*Annales de l'École normale supérieure*, s. 3, t. XII, 1895).

Le seguenti Memorie di Winan (di Lünd)[*] si collegano direttamente al programma di ricerca proposto da Klein: "Über eine einfache gruppe von 360 ebenen Collineationen" (*Mathem. Annalen*, XLVII, 1895). L'esistenza di questo gruppo era sfuggita all'attenzione di Jordan e degli altri geometri che si erano occupati delle stesse questioni. Il nuovo gruppo scoperto da Winan fornisce la base razionale per edificare la teoria definitiva delle equazioni di sesto grado. Successivamente Winan ha pubblicato, nei *Göttinger Nachrichten* del 1897, le due Memorie: "Note über die Vertauschungsgruppe von acht Dingen" e "Note über die symmetrischen und alternierenden Vertauschungsgruppen von n Dingen". Queste Memorie risolvono le questioni proposte da Klein in questa Conferenza nel senso da lui indicato e nel modo che aveva previsto.

---

[*] Recte Anders Wiman (1865-1959).

Conferenza X
(*7 settembre 1893*)

Su alcuni progressi recenti nella teoria delle funzioni iperellittiche e abeliane

Il tema delle funzioni iperellittiche e abeliane è di tale dimensione che sarebbe impossibile affrontarlo tutto in una sola conferenza. Scelgo allora di parlare solo della mutua relazione che si è stabilita tra questo argomento – la teoria degli invarianti e la Geometria proiettiva da un lato – e la teoria dei gruppi, dall'altro. Dovrò dunque omettere, per esempio, gli ultimi tentativi che sono stati sviluppati per introdurre l'Aritmetica in tutte queste questioni.

Per quanto riguarda la teoria degli invarianti e la Geometria proiettiva, la loro introduzione nel dominio delle funzioni iperellittiche e abeliane è in realtà una realizzazione e una estensione del programma di Clebsch. Per completare tale estensione era però necessario l'ulteriore concetto di gruppo.

Ciò che intendo con il termine sarà meglio compreso se mi spiego facendo uso del più familiare esempio delle *funzioni ellittiche*.

Iniziamente le funzioni ellittiche fondamentali compaiono nella forma di Jacobi:

$$sen\ am\left(v, \frac{K'}{K}\right),\ cos\ am\left(v, \frac{K'}{K}\right),\ \Delta\ am\left(v, \frac{K'}{K}\right)$$

come dipendenti da due argomenti. Tali funzioni sono trattate nella mia opera, sia dal punto di vista geometrico di Riemann, sia da quello puramente analitico di Weierstrass. Devo segnalare, *en passant*, anche la prima edizione dell'opera di Briot e Bouquet[*] e, fra i trattati tedeschi, quelli di Könisberger[**] e Thomae[***].

---

[*] Jean-Claude Bouquet (1819-1885); Charles August Briot (1817-1882). L'opera cui accenna Klein dovrebbe essere: *Théorie des fonctions doublement périodiques et en particulier des fonctions elliptiques*, del 1859.
[**] Leo Könisberger (1837-1921).
[***] Joannes Thomae (1840-1921).

L'impulso per una nuova trattazione fu dato da Weierstrass che, com'è noto, introdusse tre argomenti omogenei u, ω_1, ω_2 in luogo dei due argomenti di Jacobi. Fu questo il primo passo necessario per stabilire un legame con la teoria delle sostituzioni lineari.

Si consideri il gruppo discontinuo ternario delle sostituzioni lineari:

$$u' = u + m_1\omega_1 + m_2\omega_2$$
$$\omega'_1 = \alpha\omega_1 + \beta\omega_2$$
$$\omega'_2 = \gamma\omega_1 + \delta\omega_2$$

dove α, β, γ, δ sono interi con determinante $\alpha\delta - \beta\gamma = 1$, mentre m_1 e m_2 sono interi qualsiasi. Le funzioni fondamentali della teoria di Weierstrass:

$$p(u,\omega_1,\omega_2), \quad p'(u,\omega_1,\omega_2),$$
$$g_1(\omega_1,\omega_2), \quad g_2(\omega_1,\omega_2)$$

non sono altro che il sistema completo di invarianti del gruppo. Inoltre, g_1 e g_2 si presentano anche come gli invarianti usuali (cayleiani) della forma biquadratica binaria $f_4(x_1,x_2)$ da cui dipende l'integrale di prima specie:

$$\int \frac{x_1 dx_2 - x_2 dx_1}{\sqrt{f_4(x_1,x_2)}}.$$

Ora, il fatto significativo che gli invarianti trascendenti sono nello stesso tempo gli invarianti dell'irrazionalità algebrica, corrispondente alla teoria trascendente, si presenta in maniera esattamente analoga in tutti i casi più elevati.

Il passo successivo, nello sviluppo della teoria delle funzioni ellittiche, è costituito dalla considerazione sistematica delle curve algebriche di genere $p = 1$, introdotta da Clebsch. Egli considerò in particolare la cubica (C_3) e la prima famiglia di quartiche nello spazio (C^0_4), mostrando la comodità (per determinare molte proposizioni geometriche) degli integrali ellittici lungo queste curve. Con questa introduzione dei princìpi della Geometria proiettiva moderna, la teoria delle funzioni ellittiche si allarga considerevolmente.

Combinando e generalizzando queste ricerche, sono stato condotto a formulare un programma generale di studi, che adesso vado a presentare[1]:

---

[1] Cfr. *Vorlesungen über die Theorie der elliptischen Modulfunctionen*, t. II.

Partendo dal gruppo discontinuo già citato:

$$u' = u + m_1\omega_1 + m_2\omega_2,$$
$$\omega'_1 = \alpha\omega_1 + \beta\omega_2,$$
$$\omega'_2 = \gamma\omega_1 + \delta\omega_2,$$

il primo compito è la costruzione di tutti i suoi sottogruppi. Tra questi ultimi, i più semplici e utili sono quelli che ho chiamato *sottogruppi di congruenza*. Li si ottiene, ponendo:

$$\begin{cases} m_1 \equiv 0, \ m_2 \equiv 0 \\ \alpha \equiv 1, \ \beta \equiv 0 \\ \gamma \equiv 0, \ \delta \equiv 1 \end{cases} \quad (mod.n).$$

Il secondo problema consiste nel formare gli invarianti di tutti questi gruppi, stabilendone le reciproche relazioni. A questo punto, anche trascurando la considerazione di tutti i sottogruppi, tranne quelli di congruenza già citati, avremo già raggiunto una considerevole generalizzazione nella teoria delle funzioni ellittiche. In base al valore attribuito al numero n, è possibile distinguere diverse dimensioni del problema. La teoria di Weierstrass corrisponde alla prima dimensione ($n = 1$), mentre quella di Jacobi, in generale, alla seconda ($n = 2$). Dimensioni più elevate non sono state considerate, in maniera sistematica, prima della mia pubblicazione.

In terzo luogo, in vista dell'interpretazione geometrica, uso l'idea della curva algebrica di Clebsch. Comincio allora con l'introdurre il radicale quadratico usuale che ricopre la forma binaria; ciò esige che l'asse delle x sia ricoperto due volte, ovvero si deve impiegare una C_2 (conica) in un S_1 (spazio lineare)[#] e poi usare una cubica piana generale (C_3 in un S_2). Passo quindi alla quartica in uno spazio tridimensionale (C_4 in un S_3) e infine alla più generale C_{n+1} in un S_n. Sono quelle che ho chiamato curve ellittiche *normali*, che meglio si prestano all'interpretazione di relazioni algebriche qualsiasi tra funzioni ellittiche.

Sottolineo di passaggio che la trattazione proposta è quella rigorosamente seguita nelle *Elliptische Modulfunctionen*, salvo il fatto che qui la quantità u era, per ipotesi, uguale a zero poiché è questo che caratterizza le funzioni modulari. Spero un giorno di poter svolgere la teoria completa delle funzioni ellittiche (cioè con $u \neq 0$) in base a questo approccio.

[#] La conica si spezza in due rette.

In effetti, il successo raggiunto dall'estensione di questo programma alla teoria delle funzioni iperellittiche e abeliane è la migliore prova che siamo di fronte ad un vero passo in avanti, nella direzione del progresso. Così, per un certo numero di anni, ho dedicato i miei sforzi a tale estensione; presentandovi ora un breve quadro di ciò che è stato realizzato in un campo un po' particolare, spero di richiamare la vostra attenzione su diversi settori di ricerca in cui il tempo dedicato a nuovi lavori sarebbe impiegato fruttuosamente.

Per ciò che concerne le *funzioni iperellittiche* di genere $p = 2$, ammetteremo come definizione generale che siano funzioni di *due* variabili u_1, u_2, con *quattro* periodi (le funzioni ellittiche essendo funzioni di *una* variabile u, con *due* periodi). Non tenterò di dare una sintesi storica dello sviluppo della teoria delle funzioni iperellittiche e passo subito a quelle ricerche che segnano un progresso nelle direzioni indicate, cominciando dall'applicazione geometrica di queste funzioni allo studio delle superfici in uno spazio di dimensione qualunque.

In primo luogo, abbiamo lo studio di Rohn della superficie di Kummer, la ben nota superficie del quarto ordine con *16* punti conici nodali. Io stesso ho pubblicato un resoconto di quest'opera nei *Math. Annalen*, t. XXVII, 1886[2]. Se ogni matematico è colpito dalla bellezza e dalla semplicità delle relazioni che hanno luogo nei casi corrispondenti delle funzioni ellittiche (C_3 in un S_2), le notevoli figure inscritte e circoscritte, nel caso della superficie di Kummer, che Rohn ed io abbiamo indicato, non possono mancare di suscitare vivo interesse.

Debbo poi citare una ampia Memoria di Reichhardt, pubblicata nel 1886 negli *Acta Leopoldina*, nella quale le relazioni tra la superficie di Kummer e le funzioni iperellittiche sono riassunte in maniera chiara e comprensibile, quale introduzione a questo settore di studi. Il punto di partenza della ricerca è dato dalla teoria dei complessi di rette di secondo grado.

Proprio recentemente i matematici francesi hanno orientato la loro attenzione sulla questione generale della rappresentazione di superfici per mezzo di funzioni iperellittiche; si veda la lunga Memoria di Humbert[*] nel *Journal de Math. pures et appliquées*[3].

Passerò ora alla teoria astratta delle funzioni iperellittiche, introdotta –

---

[2] "Ueber Configurationen welche der Kummerschen Fläche zugleich eingeschrieben und umgeschrieben", pp. 106-142.
[*] Marie-George Humbert (1859-1921).
[3] "Théorie générale des surfaces hyperelliptiques", 1893, pp. 29-170.

come è noto – da Göpel e Rosenhain* nel 1847, con modalità che ricordando la teoria jacobiana delle funzioni ellittiche, sostituendo l'unico integrale ellittico u di prima specie con gli integrali:

$$u_1 = \int \frac{dx}{\sqrt{f_6(x)}}, \quad u_2 = \int \frac{xdx}{\sqrt{f_6(x)}}.$$

Si presenta allora la questione della relazione delle funzioni iperellittiche di genere 2 con gli invarianti della forma binaria del sesto ordine $f_6(x_1,x_2)$ Negli studi condotti su tale questione nei *Math. Annalen*[4], io e Burckhardt** abbiamo trovato che bisognava considerare le scomposizioni della forma f_6 in due fattori di ordine inferiore:

$$f_6 = \varphi_1 \psi_5 = \varphi_3 \psi_3.$$

Dal momento che questa scomposizione è irrazionale, anche i corrispondenti invarianti lo saranno e diventa allora necessario uno studio della teoria degli invarianti di questo tipo.

Restava però da fare anche un altro passo. Gli integrali iperellittici contengono la forma f_6 sotto un radicale quadratico; di conseguenza, la corrispondente superficie di Riemann ha due fogli che si saldano assieme in sei punti di ramificazione. Si pone allora il problema dello studio del modo di esistenza di forme binarie di x_1, x_2 su una tale superficie di Riemann, esattamente come abitualmente si erano studiate le funzioni della sola x. Ora, si può dimostrare che esiste una specie particolare di forme, che chiamo *primarie*, strettamente analoghe al determinante $x_1 y_2 - y_1 x_2$ sul piano ordinario della variabile complessa. La forma primaria sulla superficie di Riemann con due fogli, come il già citato determinante della teoria usuale, ha la proprietà di annullarsi solo nel caso in cui i punti (x_1,x_2) e (y_1,y_2) coincidano (sullo stesso foglio). Inoltre, la forma primaria non diviene mai infinita. L'analogia con il determinante $x_1 y_2 - y_1 x_2$ si perde solo osservando che la forma primaria non è più una forma algebrica, ma trascendente. Però tutte le forme algebriche della superficie possono scomporsi in forme primarie. Inoltre, queste ultime forniscono un mezzo molto naturale per la costruzione delle funzioni θ. Quale passo intermedio, si hanno qui le funzioni σ iperellittiche, che ho così chiamate per analogia con le funzioni σ della teoria ellittica di Weierstrass. Nelle Memorie citate prima, tutte que-

---

* Gustav Göpel (1812-1847); Johann Rosenhain (1816-1887).
[4] "Ueber hyperelliptische Sigmafunctionen", t. XXVII (1886) e t. XXXII (1888).
** Heinrich Friedrich Karl Ludwig Burcklardt (1861-1914).

ste considerazioni sono naturalmente relative al caso generale delle funzioni iperellittiche di genere p, l'irrazionalità essendo:

$$\sqrt{f_{2p+2}(x_1, x_2)},$$

con f_{2p+2} forma binaria di grado $2p+2$.

Avendo così stabilito la corrispondenza tra la teoria usuale delle funzioni iperellittiche ($p = 2$) e gli invarianti della forma binaria di sesto ordine, ho intrapreso lo studio di quella che ho chiamato, nel caso delle funzioni ellittiche, *teoria delle dimensioni*. Le conferenze che ho tenuto sull'argomento nel 1887-88 sono state completamente sviluppate poi da Burckhardt[5].

Relativamente alla prima dimensione, che implica calcoli piuttosto complicati a causa delle sue relazioni con la teoria degli invarianti e covarianti razionali, il geometra italiano Pascal (*Annali di Matematica*) ha compiuto grandi progressi[*]. Devo anche rinviare alla Memoria di Bolza[6], dove è discussa la questione enunciata nel titolo.

Per le dimensioni superiori, e in particolare per la terza, Burckhardt ha dato sviluppi preziosi nei *Math. Annalen*, t. XXXVI (1890), p. 371; t. XXXVIII (1891), p. 161; XLI (1893), p. 313. Peraltro, egli considera soltanto le funzioni modulari iperellittiche, essendo allora u_1 e u_2 supposte nulle. Lo scopo finale, che Burckhardt sembra aver raggiunto (sebbene restino da sviluppare ancora molti calcoli numerici), è quello di stabilire l'equazione detta *del moltiplicatore* per la trasformazione del terzo ordine. L'equazione è di *40°* grado e Burckhardt ne ha dato la legge generale di formazione dei coefficienti. Invito a confrontare il suo metodo con quello esposto da Krause nel suo libro: *Trasformation des fonctions hyperelliptiques du premier ordre*, Leipzig, Teubner, 1886. Queste ultime ricerche (basate sulle relazioni generali tra le funzioni θ) portano forse ancora più lontano, ma sono condotte da un punto di vista puramente *formale*, senza

---

[5] "Principes d'un système général pour les fonctions hyperlliptiques du premier ordre" (*Math. Annalen*, t. XXXV, 1890, pp. 198-296).

[*] Si tratta di Ernesto Pascal (1865-1940) che, sugli *Annali di matematica pura e applicata*, a partire dal vol. XVI (1888-89), sviluppò una serie di lavori sulle funzioni σ - abeliane e σ - ellittiche.

[6] "Représentation des invariants rationnels entiers de la forme binaire du sixième ordre par les zéros des fonctions θ correspondantes" (*Math. Annalen*, t. XXX, 1887).

prendere in considerazione le teorie degli invarianti, dei gruppi o degli altri argomenti connessi.

Ciò basti per le funzioni iperellittiche. Passo ora ad una rapida esposizione dei corrispondenti progressi nella teoria delle funzioni abeliane, dando una lista di Memorie (che possono classificarsi in tre gruppi).

1° Si pone il problema preliminare della rappresentazione invariante dell'integrale di terza specie relativo alle curve algebriche di genere elevato. Pick[*] ha considerato[7] il problema per le curve piane prive di punti singolari. White[8] (nella sua dissertazione riassunta nei *Math. Annalen*, t. XXXVI, 1890, p. 597, e interamente riprodotta negli *Acta Leopoldina*) ha trattato invece quelle curve dello spazio, prive di punti singolari, che sono intersezione completa di due superfici. Si devono ricordare anche le ricerche di Pick e Osgood[**] sugli integrali detti binomi[9].

2° Della teoria generale delle forme per le superfici di Riemann qualsiasi ho dato un cenno, nel vol. XXXVI, 1890, dei *Math. Annalen*[10], studiando in particolare la forma primaria appartenente ad ogni superficie. Devo aggiungere che l'argomento è stato ripreso e notevolmente sviluppato dal Dr. Ritter (*Göttinger Nachrichten*, 1893, e *Math. Annalen*, t. XLIII), che considera le forme algebriche come casi particolari di forme più generali dette "*moltiplicative*", compiendo un effettivo passo in avanti.

3° Infine, il caso particolare $p = 3$ è stato studiato, da molti punti di vista, in base ai princìpi del mio programma di studi. È ben noto che la curva normale è in questo caso la quartica piana C_4, le cui proprietà geometriche sono state studiate da Hesse e altri.

Ho trovato (*Math. Annalen*, t. XXXVI) che questi risultati geometrici, benché ottenuti con metodi e con punti di vista assolutamente diversi, corrispondono esattamente alle esigenze del problema abeliano, permettendomi in particolare di definire con grande semplicità le *64* funzioni θ con l'aiuto della quartica.

---

[*] Georg Pick (1859-1942).
[7] "Theorie des fonct abéliennes" (*Math. Annalen*, XXIX, 1887, pp. 259-71).
[8] "Intégrales abeliennes sur les courbes d'intersection complétes simplex, sans points singuliers, d'un espace à nombre quelconque de dimensions", Halle, 1891, pp. 43-128.
[**] William Osgood (1864-1943).
[9] "Théorie des intégrales et functions abéliennes appartenant à la figura algébrique $y^m = R(x)$", Göttinga, 1890.
[10] "Théorie des fonctions abéliennes", pp. 1-83.

Qui come altrove è come se, nello sviluppo della nostra scienza, regnasse una certa armonia prestabilita: ciò che serve in un certo settore di ricerca viene fornito al momento necessario da un altro, in modo da apparire come una necessità logica indipendente dalle nostre volontà individuali.

In questo caso, al posto delle funzioni θ, ho introdotto anche delle funzioni σ. I coefficienti sono dei covarianti assolutamente irrazionali, come nel caso del genere $p = 2$. Le serie σ sono state studiate, in grande dettaglio, da Pascal negli *Annali di matematica*. Queste ricerche presentano naturalmente grandi analogie con quelle di Frobenius e Schottky[*], che solo la mancanza di tempo mi impedisce di citare in dettaglio.

Infine, devono citarsi i recenti lavori del matematico austriaco Wirtinger[**], che ha stabilito per primo, nel caso $p = 3$, la figura analoga alla superficie di Kummer per $p = 2$. Questa figura è una varietà tridimensionale in uno spazio di dimensione 7 ed è del 24° ordine[11]. Apparentemente molto complicata, questa varietà gode di proprietà molto eleganti: si trasforma in se stessa mediante *64* collineazioni e *64* trasformazioni per raggi vettori reciproci. In seguito (*Math. Annalen*, t. XL[12]), Wirtinger discute le funzioni abeliane con la condizione che i soli invarianti e covarianti della quartica di cui si occuperà siano quelli razionali. Ciò corrisponde alla "prima dimensione" con $p = 3$. Questo studio è pieno di idee nuove e feconde.

Avviandomi alla conclusione, desidero osservare che, se nei casi $p = 2$ e $p = 3$ resta ancora molto da fare, tuttavia le maggiori difficoltà sono state superate. Il grande problema, che resta ora da aggredire, è il caso del genere $p = 4$, in cui la curva normale è di *6°* ordine nello spazio.

Speriamo che gli sforzi ripetuti finiscano con il trionfare su tutti gli ostacoli che restano. Un altro problema, la cui soluzione promette buoni risultati, si presenta nel dominio delle funzioni θ, dove questa volta si prenderanno come punto di partenza le serie generali θ e non più la curva algebrica. Gli analisti hanno sviluppato un numero immenso di formule; ora bisogna collegarle a concezioni geometriche semplici e chiare, relative a differenti figure algebriche. Se richiamo particolarmente la vostra attenzione su questi problemi è perché le funzioni abeliane sono sempre state considerate come una delle più belle conquiste della Matematica moderna. Ogni progresso compiuto in questa teoria ci fornisce un punto di confronto mediante il quale misurare le nostre forze.

---

[*] Georg Frobenius (1849-1917); Friedrich Schottky (1851-1935).
[**] Wilhelm Wirtinger (1865-1945).
[11] Cfr. *Göttinger Nachrichten* (1889) e *Wiener Monatshefte* (1890).
[12] "Recherches sur les fonctions abéliennes de genre 3", pp. 261-312.

Nota bibliografica di M.L. Laugel

Tra i lavori di Frobenius e Schottky cui ha accennato Klein, citiamo di Frobenius: "Les 28 bitangentes à une quartique plane" (*Crelle*, t. XCIX) e
"Les covariants jacobiens du système de conique tangentes à une quartique" (ibid., t. CIII e t. CV); di Schottky: "Abriss einer Theorie der Abelschen Functionen von drei Variablen", Teubner, 1840; "Eine algebraische Untersuchung über Thetafunctionen von drei Argumenten" (*Crelle*, t. CV); "Über die charakteristischen Gleichungen symmetrischer ebener Flächen und die zugehörigen Abelschen Functionen" (*Crelle*, t. CVI); "Zur Definition des System der 4e geraden und ungeraden Thetafunctionen" (*Crelle*, t. CVII); "Theorie der elliptisch-hyperelliptischen Functionen von vier Argumenten" I, II (*Crelle*, t. CVIII).

Dopo i lavori citati nel testo, è apparsa una grande Memoria di Wirtinger in forma di libro: *Untersuchungen über Thetafunctionen*, Teubner, Leipzig, 1896. Questo bel lavoro è stato recensito nel *Bulletin de M. Darboux*, s. 2, t. XX (1896).

Per l'analisi completa, da tutti i punti di vista, di quanto attiene alle funzioni abeliane verrà spontaneo a chiunque pensare immediatamente al grande lavoro di Brill e Noether pubblicato nei *Jahresberichte D.A.M.V.*, t. III (1894). Questo memorabile lavoro è stato analizzato nel *Bulletin de M. Darboux*, s. 2, t . XIX, p. 129.

È appena apparsa un'opera considerevole e di grande importanza, destinata a rendere grandi servigi, di A. Baker[*]: *Abel's Theorem and the allied theories including the theory of the θ functions*, Cambridge, University Press, 1897. Anche quest'opera molto bella è stata già recensita nel *Bulletin de M. Darboux*, s. 2, t. XXI (1897).

---

[*] Arthur Baker (1853-1934).

Conferenza XI
(*78 settembre 1893*)

Le ricerche più recenti sulla Geometria non euclidea

Prima di dare un resoconto degli sviluppi più recenti della Geometria non euclidea, durante gli ultimissimi anni, desidero riassumere rapidamente quelle che possono considerarsi le opinioni dei matematici in questo campo di studi. La Geometria non euclidea è stata considerata da tre punti di vista.

(1) Abbiamo dapprima quello della Geometria elementare, rappresentato da Lobatschewsky e Bolyai[*]. Entrambi partono da costruzioni geometriche semplici e procedono esattamente come Euclide, salvo sostituire un altro postulato a quello delle parallele. Costruiscono così, di tutto punto, un sistema di Geometria non euclidea in cui la lunghezza della retta è infinita e in cui la "misura della curvatura" è negativa (anticipo qui una terminologia di cui non fanno uso). È evidentemente possibile ottenere, con un analogo procedimento, la geometria in cui la misura della curvatura è positiva, geometria considerata per primo da Riemann; basta formulare gli assiomi in modo tale che la lunghezza della retta sia finita, l'esistenza delle parallele risultando così impossibile.

(2) Dal punto di vista della Geometria proiettiva, si comincia con lo stabilire il sistema della Geometria proiettiva nel senso di von Staudt, introducendo coordinate proiettive in modo che le rette ed i piani siano dati da equazioni in coordinate di rette. Adottando allora la teoria della metrica proiettiva di Cayley, si è condotti direttamente ai tre casi possibili della Geometria non euclidea: la geometria iperbolica, parabolica o ellittica, a seconda che la misura k della curvatura sia rispettivamente <0, =0, >0. È chiaro che qui è essenziale adottare il sistema di von Staudt e non quello di Steiner, poiché quest'ultimo definisce il rapporto anarmonico per mezzo di distanze tra punti e non con costruzioni puramente proiettive.

(3) Abbiamo, infine, il punto di vista di Riemann e di Helmholtz. Riemann assume come punto di partenza l'elemento di distanza ds, che suppone esprimibile nella forma:

---

[*] Nicolai Lobatschewsky (1792-1856); János Bolyai (1802-1860).

$$ds = \sqrt{\sum a_{ik}\, dx_i\, dx_k}.$$

Helmholtz, cercando di trovare una ragione per l'adozione di tale ipotesi, considera gli spostamenti di un corpo rigido nello spazio e ne conclude che è necessario dare a ds la forma indicata.

D'altra parte, Riemann introduce la nozione fondamentale di *misura della curvatura dello spazio*.

Tale nozione nel caso di due variabili (cioè nel caso di una superficie nello spazio tridimensionale) è dovuta a Gauss, che fece vedere che è una proprietà caratteristica, intrinseca della superficie, assolutamente indipendente dallo spazio in cui può trovarsi immersa la superficie. Questo punto ha causato numerosi malintesi presso molti autori che si sono occupati di Geometrie non euclidee. In effetti, quando Riemann attribuisce al suo spazio a tre dimensioni una misura di curvatura k, tutto quello che vuole dire è che esiste un invariante della forma $\sqrt{\Sigma\, a_{ik}\, dx_i\, dx_k}$; con ciò non ha affatto l'intenzione di implicare che lo spazio abituale a tre dimensioni esista necessariamente come spazio curvo in uno spazio a quattro dimensioni.

In maniera analoga, la rappresentazione di uno spazio a misura di curvatura positiva costante, con l'aiuto dell'esempio familiare della sfera, può anch'essa prestarsi a malintesi. In virtù del fatto che sulla sfera le geodetiche (cerchi massimi) uscenti da un punto qualsiasi si tagliano ancora in un altro punto determinato – l'antipodo, se si vuole, del punto primitivo – l'esistenza di un tale antipodo è talvolta considerata come conseguenza necessaria dell'ipotesi di una curvatura positiva costante. Ora, la teoria proiettiva dello spazio non euclideo mostra immediatamente che l'esistenza di un antipodo, benché compatibile con la natura dello spazio ellittico, non è affatto necessaria ma che due geodetiche di un tale spazio, supposto che abbiano un'intersezione, possono benissimo averne una sola[1].

Questi dettagli indicano come ci sia un certo vantaggio ad adottare il secondo dei tre punti di vista definiti sopra, benché il terzo non sia di minore importanza. In effetti, le nostre concezioni dello spazio prendono origine dall'intromissione dei sensi della vista e del movimento; le "proprietà ottiche" dello spazio sono una delle sorgenti, mentre le "proprietà meccaniche" ne sono l'altra. La prima corrisponde in maniera generale alle proprietà proiettive, la seconda a quelle discusse da Helmholtz.

---

[1] Questa teoria è stata sviluppata anche da Newcomb nel *Journal di Crelle*, t. LXXXIII (1877), pp. 293-299.

Come si è già detto, dal punto di vista della Geometria proiettiva è il sistema di von Staudt che va adottato come base. Si potrebbe sollevare l'obiezione che von Staudt, postulando una corrispondenza biunivoca tra un fascio di rette e una schiera di punti, ammette di fatto l'assioma delle parallele. Ma io ho fatto vedere nei *Math. Annalen*[2] come si possa eliminare questa apparente difficoltà, limitando tutte le costruzioni di von Staudt a una porzione limitata dello spazio.

Vado ora a darvi un sommario delle ricerche più recenti in Geometria non euclidea, svolte da Sophus Lie e da me stesso. Lie ha pubblicato una breve nota sull'argomento nei *Berichte* dell'Accademia di Sassonia (1886) e una più estesa esposizione dei suoi punti di vista in due Memorie apparse nella stessa raccolta nel 1890 e 1891. Queste Memorie comprendono anche una applicazione della sua teoria dei gruppi continui al problema posto da Helmholtz. Sono molto contento di presentarvi i risultati delle ricerche di Lie perché non ne ho tenuto sufficientemente conto, né nella mia Memoria sui fondamenti della Geometria non euclidea, pubblicata nel tomo XXXVII dei *Math. Annalen* (1890), né nel mio corso litografato di Gottinga (1889-90); le due ultime Memorie di Lie erano apparse da così poco tempo che non ho potuto allora utilizzarle e la prima, per non so quale motivo, mi era sfuggita di mente.

Devo iniziare con il porre il problema di Helmholtz, secondo la terminologia moderna. Gli spostamenti, i movimenti dello spazio tridimensionale, sono ∞^6 e formano il gruppo G_6, che possiede un invariante per due punti qualunque p, p': la distanza $\Omega(p, p')$ dei due punti. Ma la forma di tale invariante (e, in generale, la forma del gruppo), in funzione delle coordinate $x_1, x_2, x_3; y_1, y_2, y_3$ dei due punti, non è nota *a priori*. Si pone allora il problema di sapere se il gruppo dei movimenti è caratterizzato completamente da queste due proprietà, in modo che i soli sistemi geometrici possibili siano quello euclideo e i due non euclidei.

A questo punto, Helmholtz esamina l'analogo caso in dimensione due. Qui si ha un gruppo di ∞^2 spostamenti; la distanza è ancora un invariante ed è però possibile costruire un gruppo che non appartenga ad alcuno dei nostri tre sistemi. Sia infatti z una variabile complessa; la sostituzione che caratterizza il gruppo della Geometria non euclidea può scriversi nella forma ben nota:

$$z' = e^{i\varphi}z + m + in = (cos\varphi + i sen\varphi)z + m + in.$$

---

[2] "Sur la géométrie dite non euclidienne", t. VI (1873), pp. 112-145.

Ora, modificando questa espressione con l'introduzione di un numero complesso all'esponente:

$$z' = e^{(a+i)\varphi}z + m + in = e^{a\varphi}(cos\varphi + i\,sen\varphi)z + m + in,$$

otteniamo un gruppo di trasformazioni in cui un punto (nel caso semplice $m=0$, $n=0$) non si sposterebbe attorno all'origine descrivendo il contorno di un cerchio, ma descrivendo una spirale logaritmica. Nondimeno si tratta di un gruppo G_3, a tre parametri variabili m, n, φ, che possiede un invariante per ogni coppia di punti, esattamente come il gruppo, primitivo. Helmholtz ne conclude che, per la determinazione completa del nostro gruppo si deve aggiungere una nuova condizione, quella di *monodromia*.

Passo ora ai lavori di Sophus Lie, i cui risultati hanno confermato quelli di Helmholtz, salvo la conclusione che, nel caso dello spazio a *3* dimensioni, l'assioma della monodromia non è necessario e i gruppi in questione vengono completamente determinati dagli altri assiomi. Per quanto, riguarda le dimostrazioni, Lie ha provato che quelle di Helmholtz hanno in realtà bisogno di essere completate. La questione è la seguente: mantenendo fisso un punto dello spazio, il nostro G_6 si riduce a un G_3. Helmholtz si chiede come i differenziali delle linee uscenti dal punto fisso siano trasformati da questo G_3 e a questo proposito scrive le formule:

$$dx'_1 = a_{11}\,dx_1 + a_{12}\,dx_2 + a_{13}\,dx_3,$$
$$dx'_2 = a_{21}\,dx_1 + a_{22}\,dx_2 + a_{23}\,dx_3,$$
$$dx'_3 = a_{31}\,dx_1 + a_{32}\,dx_2 + a_{33}\,dx_3,$$

in cui considera i coefficienti a_{11}, a_{12}, ..., a_{33} come dipendenti da *3* parametri variabili. Per Lie tutto questo non è sufficientemente generale. Le precedenti equazioni lineari non rappresentano che i primi termini di una serie di potenze e sussiste anche la possibilità che i tre parametri del gruppo non siano tutti compresi nei termini lineari. Per trattare tutti i casi possibili, è necessario applicare la teoria generale dei gruppi (di Lie) ed è precisamente quanto poi ha fatto.

Consentitemi ora di accennare agli ultimi miei studi sulla Geometria non euclidea, apparsi in una Memoria sui *Math. Annalen*[3].

---

[3] T. XXXVII (1890), p. 54.

Io arrivo al risultato che le nostre idee relative allo spazio non euclideo sono ancora molto incomplete. In effetti, in tutte le loro ricerche, Riemann, Helmholtz, Lie considerano solo una porzione dello spazio attorno all'origine e stabiliscono l'esistenza delle leggi analitiche in prossimità di quel punto. Se è evidente che questo spazio può essere prolungato, si tratta di riconoscere qual è la connessione dello spazio per effetto di tale prolungamento.

A questo proposito si trova che sono possibili diversi casi, in quanto ognuna delle tre Geometrie dà luogo a una serie di particolarità.

Per meglio cogliere cosa significhino queste diversità nella connessione, si confronti la geometria su una sfera con quella relativa al sistema di rette formato dai diametri della sfera. Se si considera ogni diametro come una retta infinita o come un raggio del sistema passante per il centro (non *1/2* raggio del sistema, uscente dal centro), ad ogni retta del sistema corrisponderanno due punti sulla sfera, che risultano dall'intersezione della retta con la superficie della sfera. Abbiamo dunque una corrispondenza 1–2 (univoca da una parte, a due valori dall'altra) tra i raggi del sistema e i punti della sfera. Prendiamo ora una piccola area sulla sfera; è chiaro che la distanza tra due punti racchiusi all'interno dell'area è uguale all'angolo dei raggi corrispondenti del sistema. In tal modo, la geometria dei punti sulla sfera e quella delle rette del sistema sono identiche finché si considerino regioni assai piccole (corrispondendo queste due geometrie all'ipotesi di una misura positiva della curvatura). Ma una differenza si rivela, non appena si consideri da un lato tutta la sfera chiusa e, dall'altro, il sistema completo. Si prendano, per esempio, due geodetiche della sfera (due cerchi massimi, che evidentemente si tagliano in *due* punti diametrali). I fasci corrispondenti del sistema hanno invece solo *una* retta in comune.

Un secondo esempio di questa diversità si presenta confrontando la geometria del piano euclideo e quella su una superficie cilindrica chiusa. Quest'ultima può, come al solito, essere sviluppata su una striscia del piano, compresa tra due rette parallele (come rappresentato nella seguente figura, dove le frecce indicano che i punti così segnati coincidono sulla superficie cilindrica).

La differenza salta presto agli occhi: mentre nel piano tutte le geodetiche

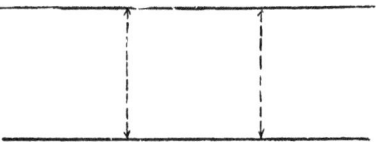

sono infinite, sul cilindro c'è un sistema di geodetiche di lunghezza finita; mentre nel piano due geodetiche, se si tagliano, hanno una sola intersezione, sul cilindro può aversi anche un'infinità di intersezioni.

Questo esempio è stato generalizzato da Clifford nella sua relazione presidenziale pronunciata al *Congresso dell'Associazione inglese* a Bradford (1873). In base alla sua concezione, possiamo definire una superficie chiusa staccando dal piano ordinario un parallelogramma e facendo corrispondere i lati opposti, punto per punto, come indicato nella seguente figura.

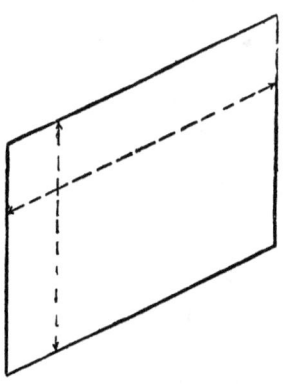

Non si deve interpretare questa figura rigorosamente, immaginando che i lati opposti vengano portati a coincidere piegando il parallelogramma (ciò che ovviamente non potrebbe avvenire senza estensione); la sola convenzione logica da fare è che i punti opposti devono considerarsi come identici. Si ha allora una varietà chiusa avente la stessa connessione del toro anulare e tutti vedranno subito la grande differenza con il piano euclideo per quanto attiene alle lunghezze, alle intersezioni delle geodetiche, ecc.

È interessante studiare il gruppo G_3 degli spostamenti euclidei su questa superficie. Se si considera la superficie nella sua totalità, non c'è alcuna possibilità di spostare la superficie in se stessa in ∞^2 modi, mentre non c'è alcuna difficoltà a spostare in ∞^2 modi una piccola area sulla superficie chiusa.

Abbiamo trovato dunque, oltre al piano euclideo, altre due forme di superficie: la striscia tra due parallele e il parallelogramma di Clifford. In modo analogo si hanno, a fianco dello ordinario spazio, tre altri tipi che possiedono l'elemento d'area euclideo e uno di essi si ottiene prendendo in considerazione un parallelepipedo.

A questo punto introdurrò il concetto di assioma. Non esiste alcun modo di dimostrare che la totalità dello spazio possa muoversi su se stesso in ∞^6 modi; tutto ciò che sappiamo è che piccole porzioni di spazio possono spostarsi in ∞^6 modi. Se si prende la misura della curvatura uguale a 0, esiste dunque la possibilità che il nostro spazio attuale corrisponda a uno qualunque dei quattro casi considerati.

Seguendo questi ragionamenti per gli spazi a misura di curvatura costante positiva, siamo ricondotti ai due casi della Geometria ellittica e sferica già citati. Se invece si suppone la misura della curvatura uguale ad una costante negativa, si ottiene un numero infinito di casi che corrispondono esattamente alle figure considerate da Poincaré e da me stesso nella teoria delle funzioni automorfe. Ma non parlerò qui di tale argomento.

Aggiungerò che Killing ha verificato tutta questa teoria[4]. È evidente che, da questi nuovi punti di vista, cessano di essere corrette numerose affermazioni sullo spazio enunciate precedentemente; per esempio, che l'infinità dello spazio sia conseguenza di una misura di curvatura nulla. Siamo così costretti ad ammettere che le nostre dimostrazioni non hanno un carattere di verità assoluta e oggettiva e che sono vere, solo relativamente allo stato attuale delle nostre conoscenze. Sono sempre racchiuse nel dominio delle concezioni dello spazio che ci sono familiari e non possiamo mai dire se una concezione più estesa ci condurrà un giorno a nuove possibilità di cui occorrerebbe allora tener conto. Da questo punto di vista dobbiamo considerare la Geometria con un certo grado di modestia, la cui adozione si impone sempre nelle scienze fisiche.

Nota bibliografica di M. L. Laugel

Klein ha completato la sua analisi delle ricerche di Lie e dei lavori di Helmholtz nel suo *Corso sulla Geometria superiore* (Gottinga, 1893, 2 voll.; cfr. il tomo II, pp. 215-244). Nella stessa epoca – nel 1893 – è apparsa la terza parte della celebre opera di Lie sulla *Teoria dei gruppi*. Si sa che un ampio capitolo di questo terzo volume comprende un'esposizione didattica completa della teoria classica di Lie delle diverse Geometrie non euclidee. Nel 1893 è apparsa anche la notevole opera di W. Killing, *Einführung in die Grundlagen der Geometrie*, Paderborn, Schöningh, 335 pp.

Benché pubblicata prima del *Colloquium*, citerò comunque la bella tesi di L. Gérard, *Sur la Géométrie non-euclidienne* (Gauthiers-Villars, Paris, 1892). Gérard ragiona solo sulle figure che si sanno costruire, regola inflessibile che si era imposta Euclide e che sembra indispensabile se si vuole ridurre al minimo il numero dei postulati. Lo stesso Gérard prepara attualmente, in collaborazione con Burali-

---

[4] Sulle forme di Klein-Clifford dello spazio, cfr. *Math. Annalen*, t. XXIX (1891), pp. 257-278.

Forti[*], un lavoro sui "Fondamenti della Geometria" che non mancherà di suscitare vivo interesse.

Dal punto di vista storico, è apparso nel 1895 (Leipzig, Teubner) un'opera fondamentale: *Die Theorie der Parallellinien von Euklid bis auf Gauss*, ecc., pubblicata (in collaborazione con Engel) da Paul Stäckel. Questi autori hanno scoperto una gran quantità di nuovi documenti di inestimabile pregio. Si veda la bella recensione di Hadamard[**] nel *Bulletin des Sc. mathématiques*, t. XX, serie 2, p. 279. La fonte delle loro preziose scoperte non si è ancora prosciugata; cfr. "Gauss, i due Bolyai e la Geometria non euclidea" degli stessi autori, nel t. XLIX, p. 149 dei *Math. Annalen* 1897, tradotto nel *Bulletin de M. Darboux*, serie 2, t. XXI, agosto 1898. Anche, nel Cap. X della nuova edizione del volume di Gino Loria[***], *Il passato ed il presente delle principali teorie geometriche* (Clausen, Torino, 1897), si troverà una esposizione delle ricerche sulla Geometria non euclidea.

Dal punto di vista della divulgazione – se mi si permette il termine in relazione a un tale lavoro – non mi perdonerei l'omissione dell'articolo di Poincaré: "Les géométries non-euclidiennes" (*Revue des Sci. pures et appliquées*, Carré editeur, n° 23, 15 déc. 1891) in cui il grande geometra ha esposto in forma accessibile anche a coloro che possiedono conoscenze matematiche elementari i principali punti di vista di queste teorie. Cfr. anche, dello stesso autore, "Non-Euclidean geometry" (*Nature*, XLV, 1891-1892); "L'Espace et la Géométrie" (*Revue de Métaphysique et de Morale*, novembre 1895); "Réponse à quelques critiques" (*Revue de Mét. et de Mor.*, janvier 1897).

Dal punto di vista filosofico, è recentemente comparso un libro molto interessante di B. Russell[****]: *Essay on the foundations of geometry* (1897, pp. 201). È – credo – la prima volta che un vero matematico scriva un'opera di tale estensione sull'argomento. È dunque inutile aggiungere che non cade nei numerosi errori e malintesi commessi da tanti filosofi, che hanno abbordato questi studi con una preparazione matematica assolutamente insufficiente. Al contrario, le obiezioni e gli errori degli avversari della Geometria non euclidea sono respinte una ad una da Russell. Se si riflette a tutte le antiche polemiche relative all'analisi infinitesimale (per es. alle assurde obiezioni di Voltaire), ci si meraviglia meno dei malintesi che hanno avuto luogo sulla Geometria non euclidea. Ci si potrebbe piuttosto chiedere come mai essi non siano stati più numerosi, se anche uno scienziato come Helmholtz ha sostenuto per qualche istante l'opinione erronea sulle superfici a cur-

---

[*] Cesare Burali-Forti (1861-1931).
[**] Paul Stäckel (1862-1919); Jacques Hadamard (1865-1963).
[***] Gino Loria (1862-1954).
[****] Bertrand Russell (1872-1970).

vatura negativa già segnalatagli da Beltrami*. Si pensi anche alle false interpretazioni cui ha dato luogo tempo fa la grande concezione di Riemann della misura della curvatura, cui accenna Klein nel corso della sua conferenza (dovuta al fatto che molti autori non possedevano i princìpi fondamentali posti da Gauss sulla teoria della curvatura delle superfici). E se queste teorie di Gauss, Minding** e dei loro successori non erano familiari ai metafisici in questione, che dire allora dei lavori più moderni? Se forse non è necessario essere Cayley, Klein, Poincaré o Clifford per scrivere sulla filosofia della Geometria non euclidea, tuttavia – prima di criticare questi maestri – si dovrebbero conoscere e comprendere, almeno fino ad un certo punto, le loro profonde opere.

Comunque, qui si discute solo degli avversari irriducibili della Geometria non euclidea il cui numero, peraltro, diminuisce ogni giorno. Tra i lavori filosofici recenti, che Russell cita invece positivamente e la cui lista si trova a p. 144 del suo libro, la maggior parte appartiene alla scuola francese. Si sono già ricordati alcuni lavori di Poincaré; aggiungiamo ancora: Calinon, "Les espaces géométriques", *Rev. Phil.*, 1889, I; 1891, II; "Sur l'indétermination géométrique de l'univers", *loc. cit.*, 1893, II; Tannery***, "Théorie de la connaissance mathématique", *Rev. Phil.*, 1894, II. Anche Lechalas, che può considerarsi un mediatore tra la Filosofia e le Matematiche, ha scritto un gran numero di articoli su queste questioni. I più recenti sono: "M. Delboeuf et le problème des mondes semblables", *Rev. Phil.*, 1894, I; "Note sur la géométrie non-euclidienne et le principe de similitude", *Rev. de Mét. et de Morale*, mars 1893; "La Courbure et la distance en géométrie générale", *ibidem*, mars 1896. Ha scritto inoltre un libro dal titolo: *L'espace et le temps*, Alcan, Paris, 1896.

Il bel corso di Klein sulla Geometria non euclidea, le brillanti digressioni filosofiche e storiche, che ne arricchiscono moltissime pagine, hanno aperto la via ad un libro come quello di Russell (come lui stesso dichiara nella prefazione). Per quanto riguarda le idee di Clifford, alle quali Klein attribuisce grande importanza, si potrà leggere con grande interesse (oltre gli articoli di Klein), anche l'esposizione fattane dall'illustre Henry Smith**** nella Prefazione alle *Opere di Clifford* (Mac-Millan, Londra).

Aggiungo anche che, in occasione della fondazione del *premio Lobatschewsky*, Klein ha scritto, su richiesta della *Società fisico-matematica di Kasan*, una analisi delle moderne ricerche nel dominio non euclideo e in particolare dei lavori di Lie. Quest'opera è attualmente in corso di stampa.

---

* Eugenio Beltrami (1832-1900).
** Ferdinand Adolf Minding (1806-1885).
*** Jules Tannery (1848-1910).
**** Henry John Stanley Smith (1826-1883).

Conferenza XII
(*9 settembre 1893*)

Lo studio delle Matematiche a Gottinga

In quest'ultima conferenza desidererei fare alcune osservazioni generali sul modo in cui è organizzato lo studio delle Matematiche all'Università di Gottinga, soprattutto per tutti quegli aspetti che possono interessare gli studenti degli Stati Uniti. Nello stesso tempo, desidero fornirvi l'occasione di rivolgermi delle domande su ciò che può interessarvi, più in generale, a proposito degli studi matematici nelle Università tedesche. Per quanto mi sarà possibile, sarò felice di rispondervi.

Forse è inesatto parlare di una *organizzazione* dell'insegnamento matematico a Gottinga. Voi sapete che nelle Università tedesche domina la *Lern und Lehrfreiheit* (libertà di studi e di insegnamento), di modo che l'organizzazione di cui ho parlato consiste puramente in un accordo volontario tra i professori e i ripetitori di Matematica.

A Gottinga, in Matematica, si fa distinzione tra un corso generale di studi e uno superiore. Quello generale è destinato alla grande maggioranza degli studenti, che intendono dedicarsi all'insegnamento della Matematica e della Fisica nelle scuole superiori (*Gymnasien, Realgymnasien, Realschulen*), mentre il corso superiore è destinato specialmente a quelli il cui scopo finale è la ricerca originale.

Per la prima di queste due categorie di studenti, è mia opinione che in Germania – suppongo che in America la situazione sia molto differente – l'istruzione teorica astratta che viene loro fornita si sia spinta troppo avanti. È senza dubbio vero che l'Università deve soprattutto introdurre lo studente all'ideale scientifico e, per tale motivo, gli studenti devono spingere i loro studi matematici ben al di là dei campi elementari che potranno insegnare più tardi. Ma quell'ideale non deve essere scelto talmente distante e talmente lontano dalle loro necessità immediate, da far diventare difficile o anche impossibile coglierne la portata sul futuro lavoro, nella vita pratica. In altri termini, l'ideale dovrebbe essere tale da ispirare al futuro professore entusiasmo per la sua carriera e non disprezzo per un lavoro che altrimenti considererà terra terra e indegno.

È per tale motivo che insistiamo perché gli studenti di cui stiamo parlando seguano, oltre le lezioni di Matematica pura, anche un corso completo di Fisica, disciplina che forma una parte importante del programma delle scuole superiori. È anche raccomandato lo studio dell'Astronomia, in quanto mostra una applicazione importante delle Matematiche; credo che campi tecnici quali la meccanica applicata, la resistenza dei materiali, ecc., siano altrettanti strumenti preziosi per illustrare lo scopo pratico della scienza matematica, così come i corsi di disegno geometrico e di Geometria descrittiva. A fianco di tutti i corsi propriamente detti, vengono poi organizzate ripetizioni relative alla risoluzione di problemi, per condurre lo studente a contatto personale con il ripetitore.

Ma ora desidero parlare soprattutto dei corsi superiori perché sono quelli che interessano maggiormente gli studenti americani. Qui, naturalmente, è necessario scendere nei particolari. Tutti i professori e i liberi docenti tengono alcuni corsi destinati principalmente agli studenti "avanzati" e in particolare a coloro che studiano per ottenere il titolo di dottore. Vista la grande estensione delle Matematiche moderne, non è il caso di tentare di abbracciarne l'intero dominio. Di conseguenza, questi corsi cambiano di anno in anno; il loro argomento dipende molto dallo speciale campo di ricerche che occupa in quel momento l'attenzione del professore. Oltre i corsi, abbiamo poi i "seminari", il cui scopo principale è di guidare lo studente alla ricerca originale e di fornirgli l'occasione di un lavoro personale.

Per quanto riguarda i miei corsi superiori, ho seguito un certo piano nella scelta degli argomenti per i diversi anni, con lo scopo di *ottenere, nel tempo, una visione generale dell'intero campo delle Matematiche moderne, legandomi particolarmente al punto di vista dell'intuizione geometrica*, dove questo termine va preso nell'accezione più elevata. Spero che abbiate colto questa tendenza generale anche in questo *colloquium*, dove ho tentato di offrirvi un'idea complessiva generale del mio lavoro personale. A Gottinga, per condurre a buon fine questo programma e portarlo a conoscenza dei miei studenti, ho adottato da tempo il metodo di far prendere copia dei miei corsi e, più recentemente, di farli litografare affinché siano accessibili più facilmente. I corsi precedenti sono a disposizione dei miei uditori nella sala di lettura della sezione matematica dell'Università; i corsi litografati possono poi essere acquistati da chiunque e ho provato grande piacere nel vedere che erano così ben noti in America.

Ho sempre considerato i miei studenti non solo come uditori o allievi, ma anche come collaboratori. Desidero che essi prendano parte attiva alle mie ricerche; sono dunque particolarmente felice di riceverli se mi portano specifiche idee e stimoli nuovi, sia originali sia derivanti da qualche altra fonte come l'insegnamento di altri matematici. Sono, questi, gli studenti che metteranno più a profitto il tempo trascorso a Gottinga.

Ho avuto il piacere di avere molti americani tra i miei allievi e sono felice di testimoniare a favore del loro entusiasmo e della loro energia. Da qualche anno – non esito a dirlo – i miei corsi superiori sono seguiti in gran parte da studenti del vostro Paese. Qui credo che sia mio dovere fare qualche cenno ad alcune difficoltà che si sono talvolta presentate, in occasione dell'arrivo a Gottinga di studenti americani. La mia opinione, detta in tutta franchezza, contribuirà forse a eliminare, almeno in parte, tali difficoltà. Accade frequentemente a Gottinga, e probabilmente anche in altre Università tedesche, che studenti americani desiderino partecipare ai corsi superiori con una preparazione, però, totalmente insufficiente. Un allievo, che possieda solo gli elementi del calcolo differenziale e integrale e una conoscenza molto limitata della lingua tedesca, si sbaglia completamente nel provare a seguire i miei corsi avanzati. Se viene a Gottinga con tale preparazione, o piuttosto con tale mancanza di preparazione, potrà naturalmente seguire i corsi più elementari della nostra Università. Ma questo non è generalmente lo scopo del suo viaggio. Non farebbe allora meglio a passare uno o due anni in una delle grandi Università americane? Troverà più facile la transizione agli studi speciali e potrà, nello stesso tempo, rendersi meglio conto delle sue attitudini allo studio matematico e evitare così il penoso rimpianto che potrebbe generargli il viaggio in Germania.

Sono sicuro che queste osservazioni verranno considerate benevolmente; la mia presenza tra voi basta a provare il valore che attribuisco alla presenza degli studenti americani a Gottinga. È nell'interesse di coloro che desiderano venirvi che parlo e per tale ragione sarei felice di veder dare la più grande pubblicità alle mie parole sull'argomento.

Un'altra difficoltà deriva dal fatto che i miei corsi superiori hanno spesso carattere enciclopedico, in conformità alle tendenze generali del mio programma. Non sempre ciò corrisponde alle necessità degli studenti americani, il cui lavoro ha naturalmente lo scopo dell'acquisizione del diploma di dottorato. Essi dovranno allora concentrarsi, oltre che sui miei corsi, su un argomento specialistico; spesso sarà pertanto vantaggioso seguire l'insegnamento di altri professori, a Gottinga o altrove. Io non considero affatto desiderabile che tutti gli studenti limitino i loro studi matematici ai miei corsi o anche a quelli dell'Università di Gottinga. Mi sembra preferibile, al contrario, che la maggioranza ne segua altri, inoltrandosi in certi campi di studi specialistici. I miei corsi serviranno allora a formare un retroterra più esteso, sul quale verranno proiettate le ricerche specialistiche. In tal modo, credo, i miei corsi produrranno l'effetto più vantaggioso.

Concludendo, desidero ringraziarvi della vostra benevola attenzione e esprimervi il piacere che provo a incontrare qui a Evanston, così vicina a quella grande metropoli che è Chicago, un numero così cospicuo di allievi entusiasti della mia scienza prediletta.

Nota bibliografica di M.L. Laugel

Ecco l'elenco dei *corsi* di Klein che sono stati pubblicati finora.

I. *Augewählte Kapitel der Zahlentheorie*, Heft 1, 391 Seiten (Winter Semester 1895-1896); Heft 2, 354 Seiten (Sommer Semester 1896).

II. *Lineare Differentialgleichungen der zweiten Ordnung*, 524 Seiten (Sommer Semester 1894).

III. *Über die hypergeometrische Funktion*, 569 Seiten (Winter Semester 1893-1894).

IV. *Höhere Geometrie*, Heft 1, 566 Seiten (Winter Semester 1892-1893); Heft 2, 388 Seiten (Sommer Semester 1892)..

V. *Riemann'sche Flächen*, Heft 1, 254 Seiten (Winter Semester 1891-1892); Heft 2, 262 Seiten (Sommer Semester 1892).

VI. *Nicht-Euklidische Geometrie*, Heft 1, 364 Seiten (Winter Semester 1889-1890); Heft 2, 238 Seiten (Sommer Semester 1890).

Per quanto riguarda gli argomenti trattati in questi *corsi*, si vedano le belle analisi che lo stesso Klein ne ha fatto nei *Math. Annalen* (t. LXV, LXVI e LXVIII).

La mia vita*

Sono nato a Düsseldorf il 25 aprile 1849. Nella notte, rimbombavano i colpi di cannone sparati contro le barricate allestite dalla folla in rivolta. Si trattava degli ultimi disordini bavaresi-renani contro i prussiani, seguiti alla rivoluzione del 1848.

I miei genitori avevano qualche motivo per sentirsi minacciati e perciò avevano preparato i bagagli in modo da poter scappare in caso di bisogno. Entrambi, infatti, non erano renani né per origine né per sentimenti, anche se abitavano a Düsseldorf. Mio padre proveniva dai dintorni, "dove l'abitante della Marca batte il ferro", vale a dire dai dintorni della "strada dell'Ennepe"[1] nella Westfalia del sud. Da lì aveva origine il suo rigido spirito protestante della vecchia Prussia, nettamente contrastante con quello più semplice e allegro del renano. Tenace volontà, operosità indefessa, freddo senso della realtà, totale affidabilità e oculata economia: sono queste le tradizionali qualità di quella stirpe tedesca che si trovavano fedelmente incarnate anche in mio padre. Non forte abbastanza per l'officina di fabbro di mio nonno, si guadagnò da vivere prima come scrivano presso un ufficio di borgomastro ed in seguito si fece una posizione come *Landrentmeister* della *Cassa Centrale governativa* di Düsseldorf. All'epoca della mia nascita, era segretario particolare del Capo del Governo. Per motivi di servizio era costretto a fare frequenti giri per la città, compito che in quel periodo di disordini metteva giornalmente in pericolo la sua vita.

Mia madre proveniva da una comunità di immigrati dalla zona industriale di Aachen. Era di carattere più allegro e di princìpi meno rigidi di quelli di mio padre. Fonte principale della vita spirituale in famiglia erano i suoi molteplici interessi. Certamente, a questa maggiore vivacità era legata anche una tendenza all'esaurimento nervoso che, ereditata proprio dal lato materno, più tardi mi avrebbe causato molte difficoltà.

---

* Questi "schizzi biografici di proprio pugno", redatti da Klein nel 1923, sono stati tradotti dal tedesco da Gianni Riela del Dipartimento di Matematica dell'Università di Palermo.

[1] L'Ennepe è un affluente del fiume Ruhr e tutta la sua valle è chiamata *strada*.

Mia madre, seguendo la sua forte inclinazione pedagogica, mi fornì i primi elementi di istruzione e a sei anni cominciai a frequentare la scuola elementare sapendo almeno un po' leggere, scrivere e far di conto. Stranamente, di tutta la mia vita scolastica, mi sono rimasti vivi ricordi solo della scuola elementare. Era una scuola privata, che ho frequentato in tutto per due anni e mezzo. Poiché il fondatore della scuola – il maestro Krumbach – si era ritirato a causa dell'età avanzata, la direzione e l'insegnamento nelle due classi superiori (riunite in un'unica aula) erano affidate al figlio. Anche se il giovane Krumbach, come lo chiamavano, non aveva ancora una preparazione sistematica per la sua professione, era tuttavia capace di entusiasmarci. Devo a lui le prime curiosità e le prime conoscenze per alcuni fatti di natura scientifica, di cui ricordo oggi vivamente molti dettagli. Veniva curato anche in maniera eccellente il calcolo mentale.

Nell'autunno del 1857 entrai nel ginnasio umanistico, allora di otto classi, diretto con severità dall'ottimo pedagogista Kiefel. Il fatto che la scuola fosse cattolica si notava essenzialmente nelle classi superiori, i cui allievi volevano dedicarsi in prevalenza agli studi religiosi; di conseguenza, un gran numero di diplomati del mio corso sono poi diventati preti della chiesa cattolica. Ciò nonostante la scuola non aveva per nulla carattere confessionale. Si proponeva piuttosto di trasmettere ai propri allievi l'ideale educativo del tempo, essenzialmente filologico–umanistico. Imparavamo a pensare in maniera grammaticalmente corretta; acquisivamo una conoscenza multiforme delle proprietà dialettiche e altre particolarità delle lingue classiche; eravamo in grado di usare, con una certa facilità e in maniera autonoma, il materiale linguistico acquisito. Il contenuto vitale degli autori studiati (la poesia, la storia della cultura, le tradizioni popolari) non veniva però affatto sfiorato. Analogamente, la storia ci veniva insegnata attraverso una mostruosa quantità di fatti ma senza vivacità o punti di vista generali. Si era dell'avviso che lo studente sarebbe stato educato nella maniera migliore se avesse saputo districarsi, a prezzo di un duro lavoro, attraverso materiali aridi e ostici. Questo metodo, che escludeva la fantasia e qualunque senso artistico e trascurava molti aspetti veramente educativi, serviva tuttavia ad inculcarci una capacità preziosa: quella di lavorare, lavorare e ancora lavorare. Non posso dire di avere sofferto per questo tipo di insegnamento formale e mnemonico. Infatti, come gli alti livelli di impegno e di energia richiesti si confacevano al mio desiderio di imparare, così pure l'enfasi sugli aspetti logico–grammaticali corrispondeva al mio carattere mentale. Ricordo ancora oggi la grande soddisfazione che provai quella volta che riuscii a tradurre in versi greci, senza errori, un certo numero di strofe da *Le Gru d'Ibico* di Schiller. Dubito però di avere afferrato contenuto e valore poetico della poesia.

Ai miei precoci interessi per la scienza, questa educazione puramente filologica non aveva niente da offrire. In particolare l'insegnamento della Matematica, che seguivo con molta facilità, aveva un taglio strettamente formale. Un caso fortunato mi fornì però, attraverso il mio amico e compagno di classe Wilhelm Ruer, gli stimoli scientifici che mancavano a scuola. Nella farmacia di suo padre, le mie inesauribili domande trovavano sempre affettuose spiegazioni, vivacizzate da numerose escursioni; acquisii così le prime conoscenze di Chimica, Botanica e Zoologia. Interessi analoghi di tipo astratto mi furono offerti dal piccolo osservatorio astronomico della città di Düsseldorf. Il suo Direttore, Robert Luther, era un tranquillo studioso che, con diligente assiduità, si dedicava alla scoperta – a quel tempo ancora molto difficile – di piccoli pianeti. Fu lui che mi concesse il permesso di entrare nel laboratorio astronomico e di partecipare in qualche modo alle sue ricerche. Naturalmente facevo con molto entusiasmo esperimenti ed altri lavori manuali. Inoltre, con l'aiuto di mio padre, ebbi modo di visitare alcune fabbriche. Di tutto questo mi interessava soprattutto l'aspetto scientifico, in senso generale: da quello puramente concettuale fino a quello più propriamente tecnico. Mi è, invece, sempre rimasto totalmente estraneo il punto di vista commerciale, così strettamente legato alla tecnica, che chiede quale sia l'utilità economica di queste strutture.

Con questa preparazione, nell'autunno del 1865, a sedici anni e mezzo, entrai nell'Università di Bonn per studiare Matematica e Scienze naturali. Per quanto riguarda le lezioni, dalla Pasqua del 1866 in poi, mi interessai principalmente di Botanica e di altre scienze descrittive, favorito dal fatto che allora abitavo nel Castello di Poppelsdorf in cui si trovavano anche alcune collezioni scientifiche. Lezioni di Matematica ne seguivo molto poche, dato che quelle (a livello molto elementare) di Lipschitz – il cui valore scientifico avrei imparato ad apprezzare solo molti anni dopo – e in generale l'insegnamento poco sviluppato dal punto di vista matematico-fisico che si impartiva a Bonn non erano in grado di suscitarmi eccessivi entusiasmi.

Fu di importanza decisiva per tutta la mia vita il fatto che, a Pasqua del 1866, diventai assistente di Plücker. Il mio compito principale consisteva nel collaborare alla preparazione e allo svolgimento delle lezioni di Fisica sperimentale. Inoltre, fui introdotto nel lavoro scientifico dello stesso Plücker che allora, dopo un periodo di scoperte fisiche, aveva acquisito di nuovo un interesse prevalentemente matematico. Dovevo aiutare Plücker nello svolgimento delle sue ricerche e godetti così di "un insegnamento attivo". Fui in particolare vivacemente stimolato, nel mio lavoro autonomo, nel campo della Geometria delle rette (di cui ci si occupava in quel periodo), anche se questo mi impedì di acquisire allora una conoscenza più generale sia di Matematica sia di Fisica.

Era sempre stata mia intenzione, una volta ottenute le necessarie conoscenze di Matematica e Scienze naturali, specializzarmi nel campo della Fisica. Ma questo piano era destinato ad essere modificato da una serie di circostanze impreviste. Alla morte di Plücker, nel maggio del 1868, mi fu dato l'incarico di curare l'edizione dei suoi lavori di Geometria. L'incarico mi mise in contatto con Clebsch, che era stato chiamato a Gottinga. Così, dopo aver ottenuto il dottorato nel dicembre del 1868, con una tesi scelta da me sulla Geometria delle rette (che sviluppava ulteriormente le ricerche di Plücker), lasciai Bonn. A quel tempo, le mie conoscenze matematiche erano piuttosto limitate; per esempio non avevo mai assistito ad una lezione di calcolo integrale. Tuttavia avevo in programma un significativo piano di lavoro che, in un primo tempo, mi avrebbe condotto – se possibile – nel dominio delle scienze esatte e poi in quello delle ricerche di Fisica per le quali mi sentivo portato.

A Gottinga, mi trovai in un ambiente scientifico nuovo. Alle lezioni specialistiche di Clebsch assistevano solo poche persone, ma gli stimoli che mi causarono sia le lezioni che i contatti personali con Clebsch furono notevoli. Presto mi ritrovai a far parte di un gruppo di colleghi (Noether, Riecke ed altri) e cominciò per me un periodo di entusiasmante attività scientifica. Di conseguenza, ancora una volta, anche se fui presto introdotto nella casa di Wilhelm Weber, la Fisica passò in secondo piano. Il lavoro portato avanti dagli allievi di Weber (che, privo di nuovi punti di vista, aveva solo lo scopo di scomporre e ricomporre in dettaglio un'immagine della realtà fisica già consolidata) non esercitava su di me alcuna attrattiva. Un influsso considerevolmente più grande, invece, lo esercitavano su di me i contatti con i partecipanti al *seminario* di Storia diretto da Waitz, attraverso i quali mi resi conto delle possibilità e dei vantaggi di uno studio specialistico organizzato. Mi ricordo con riconoscenza del mio amico scozzese W. R. Smith che, matematico e fisico in origine, si era poi dedicato a studi di Teologia e Orientalistica. Egli mi ha più tardi invitato in Inghilterra e lì mi ha facilitato enormemente i contatti con i circoli scientifici locali. I pochi stranieri, che allora lavoravano con noi a Gottinga, fungevano da importante stimolo; non c'era allora traccia dei contrasti nazionalistici che si notano nella vita pubblica del giorno d'oggi.

Nonostante gli ottimi rapporti che avevo a Gottinga, sentivo l'urgenza di allargare i miei orizzonti culturali, superando i limiti delle varie "scuole scientifiche". Così, contrariamente ai desideri di Clebsch che, come aveva fatto prima Plücker, cercava di dissuadermi, nell'autunno del 1869 mi recai a Berlino dove la Matematica aveva un orientamento completamente diverso da quello che avevo conosciuto fino allora. A Berlino non ho seguito lezioni ufficiali; partecipavo però con grande interesse al *seminario matematico* di Kummer e Weierstrass, durante il quale i partecipanti riferivano su argomenti di loro scelta. Soprattutto cercavo di instaurare rapporti personali con colleghi più giovani, specialmente nell'ambito della comunità matematica locale. In generale, nei miei anni di studio ho imparato molto di più per mezzo dei contatti personali che attraverso le lezioni. Una delle amicizie più preziose, dal punto di vista scientifico, fu quella con il norvegese Sophus Lie, cui mi legò una frequentazione quotidiana. I nostri interessi geometrici erano strettamente legati; inizialmente, ci sentivamo in acceso contrasto con l'ambiente circostante, diversamente orientato dal punto di vista matematico. In seguito, però, attraverso un molteplice scambio d'idee, si mise in moto un processo di avvicinamento. In quel periodo, per la prima volta, grazie a Otto Stolz (di Innsbruck), scoprii l'esistenza della Geometria non euclidea; intuii immediatamente il suo legame con la cosidetta determinazione della misura metrica di Cayley e riuscii presto a far riconoscere questo legame, se pure contro fortissime resistenze. Questo legame ha esercitato una duratura influenza nel mio lavoro.

Nell'estate del 1870 mi recai con il mio amico Lie a Parigi. Avevo intenzione di passare l'inverno seguente in Inghilterra, ma il progetto non si realizzò a causa della guerra imminente. Il desiderio di avere una visione il più possibile ampia della scienza, e quindi la conoscenza dei risultati ottenuti all'estero, trovava allora in Germania poca comprensione. Così, per esempio, quando su insistenza di mio padre cercai di ottenere una lettera di raccomandazione dal Ministero dell'Istruzione, la risposta ufficiale che ricevetti fu: "non abbiamo alcun bisogno della matematica francese o inglese".

A Parigi, come a Berlino, gran parte del mio tempo era dedicato alla collaborazione con Lie. A Parigi non seguimmo alcuna lezione ma entrammo presto in stretti rapporti con studiosi francesi emergenti come Darboux, Camille Jordan ed altri. Quel soggiorno, cui devo un grande e duraturo ampliamento dei miei orizzonti, ebbe una brusca fine dopo due mesi e mezzo a causa della dichiarazione di guerra a giugno. Riuscii a stento a riattraversare in tempo il confine, mentre Lie ingenuamente, in qualità di cittadino norvegese, decise di rimanere. Essendo però state trovate a casa sua le lettere che gli avevo inviato in tedesco e che per il loro contenuto matematico riuscivano incomprensibili ai profani, fu messo in prigione come spia e poté essere liberato solo dopo quattro spiacevoli settimane, grazie all'intervento di Darboux.

Rifiutato come volontario ma desideroso di partecipare comunque ai grandi eventi, mi arruolai nel corpo degli ausiliari di Bonn. La mia esperienza della guerra fu una serie di amare delusioni: la mia educazione puramente intellettuale, da fanciullo e adolescente, non fu all'altezza delle sfide pratiche che mi si ponevano. La successiva permanenza di tre settimane nei dintorni di Sedàn, a causa di un'alimentazione insufficiente e in mezzo a diffuse malattie, debilitò la mia salute a tal punto che negli ultimi giorni di settembre, malato di tifo, dovetti essere rispedito a casa dei genitori, dove mi ristabilii solo lentamente.

Il nuovo anno mi vide di nuovo a Gottinga, dove ottenni l'abilitazione nel gennaio del 1871. Ma non avevo ancora rinunciato all'idea di diventare fisico e così, nell'estate del 1871, cominciai una serie di lezioni di Fisica per avvicinarmi allo scopo. Rimasi però in stretto contatto con Clebsch e i suoi allievi, di modo che anche in quel periodo non mi allontanai dalle ricerche di natura geometrica. Quando nell'autunno del 1872, su raccomandazione di Clebsch, fui chiamato come professore ordinario a Erlangen, disponevo di una certa quantità di programmi di lavoro, ma dal punto di vista dell'insegnamento pratico avevo ben poca esperienza. In ogni modo, il caso aveva deciso definitivamente a sfavore della Fisica. Ancora: questa chiamata, in giovane età, mi privò della possibilità di una crescita graduale e di una maturazione lenta, che sarebbero state molto desiderabili.

Mi aspettavano, invece, la pressione e la stimolante responsabilità di un incarico difficile. Infatti, l'attività matematica a Erlangen era del tutto carente. Evidentemente era stata chiamata una persona molto giovane per rimettere in moto un carro rimasto impantanato nella solita *routine*. In biblioteca regnavano condizioni antidiluviane, né c'erano mezzi per acquistare libri o modelli, alla cui disponibilità attribuivo grande importanza. Alla mia prima lezione che, secondo l'usanza del posto ebbe luogo il 5 novembre, si presentarono due studenti: uno lo rividi un paio di volte, l'altro mai più. E questo metteva in forse il proseguimento del corso. Ancora una volta intervenne comunque il destino, con una svolta inaspettata che mi schiuse un altro cammino. Il 7 novembre Clebsch, allora Rettore dell'Università, moriva per un improvviso attacco di difterite, privandomi dell'appoggio più importante. Mi fu così allora assegnato il compito di continuare il lavoro del mio venerato maestro e un certo numero di studenti di dottorato di Clebsch, alcuni dei quali più anziani di me, mi seguirono ad Erlangen. Occuparmi della loro ulteriore formazione fu un compito che richiese tutte le mie forze, particolarmente dal punto di vista organizzativo.

A Erlangen, ogni docente che entrava a far parte per la prima volta dell'Università e del Senato accademico doveva presentare una relazione scritta sui suoi programmi scientifici, esponendo anche, in un discorso inaugurale pubblico, gli obiettivi della sua attività didattica. È una regola poco gradevole per il novizio, ma che ha i suoi vantaggi. Come relazione scientifica, già in ottobre avevo finito un lavoro nel quale avevo messo insieme i diversi filoni di ricerca allora esistenti in Geometria, creando un sistema da cui emergeva una panoramica di numerosi e nuovi problemi che si prestavano ad ulteriori sviluppi. Questo *Programma di Erlangen* è stato sempre il principale punto di riferimento delle mie ricerche e il suo principio unificante è stato esteso a numerosi altri campi come la Teoria delle funzioni, la Meccanica e la Fisica.

Nel discorso inaugurale, a dicembre, presentai un programma dettagliato della didattica che mi proponevo di fare. Negli studi specialistici, non bisogna dimenticare l'unità di tutte le scienze e l'ideale di un'educazione globale. Educazione umanistica e matematico-scientifica sono legate tra loro e non devono porsi in contrapposizione. D'altro canto, oltre che alla Matematica pura, bisogna dedicarsi a quella applicata per garantire i rapporti con le discipline affini come la Fisica e la tecnica. Inoltre nella Matematica, assieme alle capacità logiche, bisogna sviluppare – come fattore ugualmente importante – l'intuizione e soprattutto la fantasia matematica e la creatività che con essa cresce. Infine, l'Università deve curare l'insegnamento nelle scuole propedeutiche e quindi dare una particolare importanza alla formazione degli aspiranti insegnanti: l'ordinamento delle Scuole superiori tecniche si può considerare per certi versi un modello. Da queste considerazioni derivano le seguenti esigenze pratiche: lezioni a livello elementare ripetute regolarmente e, accanto ad esse, lezioni speciali per piccoli gruppi di studenti interessati alla ricerca, entrambe integrate con esercitazioni e seminari; corsi di Geometria descrittiva con enfasi sull'abilità nel disegno; creazione di una sala di lettura con annessa biblioteca aperta che consenta agli studenti lo studio della letteratura appropriata, mentre ricche collezioni di modelli dovrebbero favorire lo sviluppo dell'intuizione matematica. Queste considerazioni teoriche e i suggerimenti pratici già sviluppati attraverso molteplici osservazioni durante gli anni in cui avevo viaggiato, sono rimasti riferimenti essenziali anche nelle mie attività successive; la pratica mi ha poi indotto a ridurre in parte il livello delle prestazioni richieste agli studenti suddividendo anche le lezioni elementari in lezioni per principianti e lezioni regolari.

Negli anni successivi, a Erlangen si sviluppò una intensa attività matematica (simile a quella che c'era stata prima a Gottinga) che, a causa della responsabilità della direzione e della totale mancanza di tradizione scientifica, mi riusciva particolarmente estenuante. Tuttavia la mia produzione scientifica non entrò in conflitto con la mia attività organizzativa, perché a Erlangen l'uditorio delle lezioni rimase sempre molto modesto; in nessuna delle mie lezioni il numero degli studenti superò la diecina e questo numero fu raggiunto una volta sola.

Perciò per me rappresentò un notevole balzo in avanti la chiamata alla *Technische Hochschule* (Scuola superiore tecnica) di Monaco, a Pasqua del 1875. Accettando la chiamata, avevo in mente l'ideale di *Politecnico* come si era già realizzato a Parigi e Zurigo e verso cui si tendeva a Monaco: la preparazione tecnica doveva procedere di pari passo con quella teorico-scientifica, in modo da rendere possibile una formazione completa. A

Monaco, il lato teorico-scientifico di questo obiettivo veniva realizzato tenendo conto fin dall'inizio che, nella *Technische Hochschule,* bisognava formare – oltre che ingegneri – anche aspiranti docenti delle discipline esatte. La realizzazione dei miei piani fu resa meno difficile dal fatto che, contemporaneamente a me, era stato chiamato pure Brill (da Darmstadt). Mentre io ero totalmente impreparato per i compiti che mi attendevano a proposito della formazione degli ingegneri e il meglio di cui disponevo era il fatto che fin da ragazzo avevo avuto un vivo interesse per ogni questione di natura tecnica, Brill portava con sé tutta una tradizione per quel tipo di insegnamento. L'organizzazione della didattica, elaborata insieme a Brill, prevedeva che ciascuno di noi tenesse lezioni elementari per i tecnici e molte lezioni speciali per gli studenti interessati alla ricerca, nelle quali trattavamo e sviluppavamo i nostri studi. Corsi di lezioni regolari si tenevano invece in misura modesta, sia perché ciò avrebbe richiesto parecchio del nostro tempo sia perché gli aspiranti insegnanti avevano la possibilità di seguire i corsi della locale Università.

Presto, come previsto nei nostri piani, ebbe inizio un'attività scientifica intensa. A Monaco mi occupai prevalentemente delle proprietà geometriche intuitive delle strutture algebriche, della teoria delle equazioni di quinto grado basate sul gruppo dell'icosaedro, di problemi di Teoria dei numeri e della teoria geometrica delle funzioni, con particolare riferimento alle funzioni modulari ellittiche. Si vede, da questi accenni, come in quel periodo abbia posto le basi per le mie ricerche successive, che sono ora raccolte nei volumi II e III delle mie *Opere complete.* Dopo gli anni propedeutici ad Erlangen, ho sviluppato la mia personalità matematica soprattutto a Monaco. I miei interessi per la tecnica trovarono molteplici stimoli nel piccolo gruppo matematico da noi creato, attraverso la frequentazione di eccellenti tecnici, come per esempio Linde. Così sviluppai rapporti particolarmente stretti con le discipline geometriche utilizzate nella tecnica delle macchine, come la Geometria descrittiva, la Statica grafica e la Cinematica. All'inizio, non ebbi però alcun contatto con altri problemi di Matematica applicata, con una mancanza di cui divenni consapevole quando, nell'autunno del 1875, partecipai a Monaco al Congresso internazionale di Geodesia.

Dal momento che, oltre alle attività organizzative e scientifiche, ero molto impegnato con un numero di studenti eccezionale, già a Monaco mi trovavo sottoposto ad un sovraccarico di lavoro che ha posto le basi per la malattia nervosa che sarebbe esplosa in seguito a Lipsia, dove ho accettato la chiamata presso quell'Università, nell'autunno del 1880.

Qui la mia attività didattica si limitò esclusivamente alla Geometria, perché questa disciplina a Lipsia era stata ritenuta secondaria. Ho considerato però il termine *Geometria* non solo riduttivamente, come la scienza degli oggetti spaziali, ma come un modo di pensare che può usarsi utilmente in tutti i campi della Matematica. Così, malgrado parecchie opposizioni, cominciai il mio insegnamento a Lipsia con una lezione sulla teoria geometrica delle funzioni, in cui sviluppavo le idee di cui mi ero occupato a Monaco. Ebbi così la felice sensazione di poter sviluppare ulteriormente le idee di Riemann sulla teoria delle funzioni, la cui portata mi appariva sempre più chiara. A poco a poco, a queste ricerche prese parte un numero crescente di brillanti giovani matematici venuti a Lipsia dalla Germania e dall'estero. L'interesse per il nostro lavoro aumentò ancora più sensibilmente quando, a Parigi, H. Poincaré (con il quale entrai in corrispondenza) cominciò a pubblicare dal febbraio del 1881 i suoi lavori su argomenti analoghi. Oltre a quest'attività scientifica, fui coinvolto di nuovo in crescenti impegni organizzativi. Cominciai un ciclo di lezioni di Geometria che avrebbero dovuto comprendere Geometria analitica, Geometria proiettiva e Geometria differenziale. Inoltre, grazie alla comprensione del Governo sassone, mi fu possibile creare una collezione di modelli e una sala di lettura matematica comune. Furono organizzate delle esercitazioni di disegno di cui si occupò con molto successo W. Dyck, che era stato mio assistente a Monaco e si era poi trasferito a Lipsia.

Di tutti questi progetti avevo parlato, come già prima a Erlangen, nel discorso inaugurale dal titolo "Rapporti della nuova Matematica con le applicazioni". Tuttavia, il consenso su questi tentativi di rinnovamento non fu per nulla unanime. Anzi mi procurai l'ostilità di alcuni colleghi, che mi causò spesso difficoltà di rapporti, dato che ero anche il collega di gran lunga più giovane. Il continuo sovraccarico di lavoro alla fine rovinò completamente la mia salute. Oltre all'attività di insegnamento e all'intensa produzione scientifica, avevo dovuto affrontare per tre volte ambienti nuovi e modificarli radicalmente. Dall'autunno del 1882 in poi, dovetti prendere ripetutamente dei congedi e per la prima volta rinunciai completamente alla ricerca. Per fare un lavoro più leggero, iniziai la rielaborazione della teoria dell'icosaedro in forma di libro e la risistemazione dei miei lavori sulle funzioni modulari ellittiche. L'esposizione completa della teoria, come l'avevo prevista, fu portata a termine più tardi attraverso un lavoro pluriennale da R. Fricke ed è contenuta nelle due opere sulle funzioni ellittiche e le funzioni modulari, la cui ultima edizione è apparsa nel 1912. Iniziai così uno stile di lavoro scientifico, cui mi sarei attenuto in seguito: mi limitavo alle idee e alle direttive generali, lasciando l'esecuzione e il completamento dei progetti ai collaboratori più giovani.

I postumi della malattia, che in un primo tempo non volevano cessare, cominciarono stranamente a scomparire quando ricevetti nel 1884 una chiamata da Baltimora, come successore di Sylvester*. Anche se dopo lunghe trattative decisi di non accettare** l'invito, le vaste prospettive aperte e lo stimolo all'attività della fantasia ad esse connesso furono sufficienti a risvegliare in me il piacere della creatività e la fiducia nel futuro. L'attività a Lipsia riprese nuovamente slancio. Per non sottopormi ad un eccessivo affaticamento, affidai comunque lo svolgimento delle lezioni di Geometria ai colleghi più giovani e mi dedicai esclusivamente alla formazione dei miei dottorandi.

Mi rimisi completamente dalla malattia solo a partire dall'autunno del 1886, quando accettai la chiamata a Gottinga. Mi convinse ad accettare il trasferimento soprattutto il desiderio di abbandonare una grande città che non avevo mai amato e la speranza di poter condurre un'esistenza più soddisfacente nella piccola città giardino. Inoltre pensavo che a Gottinga avrei avuto più tempo di quanto non ne avessi avuto fino ad allora per lo sviluppo dei miei interessi intellettuali generali; mi era rimasta sempre viva la nostalgia per il luogo dove in passato mi era stato possibile frequentare amichevolmente persone con analoghi interessi al di fuori della mia formazione scientifica. A ciò si univa la considerazione che in Prussia il mio lavoro avrebbe avuto, per l'insegnamento della Matematica, efficacia ben maggiore che se fossi rimasto in un'Università non prussiana, per quanto importante. Queste aspettative si sono realizzate e sono così rimasto volentieri a Gottinga, rifiutando nel corso degli anni una serie di chiamate presso altre università.

Poiché a Gottinga, sotto la direzione di H. A. Schwarz***, era stata già costituita una cospicua collezione di modelli, posi come condizione per la mia chiamata la creazione di una sala di lettura matematica. L'allestimento di questa struttura non causò all'inizio grossi problemi, perché a quel tempo il numero dei matematici era calato notevolmente. Siccome poi, ancora per cinque anni, le lezioni elementari e una parte dei corsi furono tenuti con successo da Schwarz, in quel periodo ebbi abbastanza tempo libero per sviluppare le mie ricerche scientifiche e portarle il più possibile a conclusione. Si risvegliò pure il mio vecchio amore per la Fisica e mi fu possibile acquisire familiarità con la Meccanica e le nozioni fondamentali della Fisica del continuo. Le lezioni specialistiche e i seminari tenuti in quegli anni, con contenuti sempre diversi, danno un'idea preecisa dei miei inte-

---

* Sulla vicenda si veda [Parshall 1998] e in particolare la corrispondenza degli anni 1883-84.
** Secondo [Parshall - Rowe 1989], p. 12, Klein avrebbe probabilmente accettato il trasferimento se le offerte economiche fossero state "sufficientemente attraenti".
*** Hermann Amandus Schwarz (1843-1921).

ressi dell'epoca. Un certo numero di quelle lezioni sono state pubblicate in forma litografata. Questa forma di pubblicazione, che richiedeva un lavoro significativamente ridotto rispetto a quello necessario per la preparazione di un manuale ben curato nei dettagli, non è molto frequente in Germania mentre è usata spesso in Francia e in Italia. I *corsi* avevano lo scopo di fornire a tutti gli studenti, e particolarmente a quelli che frequentavano solo nei semestri successivi e che quindi non avevano potuto seguire le mie lezioni, uno strumento che li aiutasse a familiarizzarsi con i metodi da me usati. Nello stesso tempo, mi sforzavo in ogni occasione di ribadire la concezione che il matematico non deve limitarsi a lavorare solo nel suo settore specifico, ma ha il dovere di far diventare la sua disciplina un principio ordinatore in tutti i suoi campi d'applicazione.

In questi anni trovai abbastanza tempo per ampliare i miei contatti scientifici. Ebbi modo di fare lunghi viaggi in Francia e in Inghilterra da cui ricavai molto stimoli. Inoltre ebbi la soddisfazione di vedere nel 1889 la fondazione, per opera di G. Cantor, della *Società matematica tedesca*, un progetto che insieme ad altri avevo sostenuto vigorosamente negli anni '71-'73. Anche successivamente ho sempre cercato di dare il massimo appoggio alle iniziative della *Società*.

Credo che sia stato un bene il fatto che le circostanze abbiano posto un freno alla mia attività organizzativa; ho avuto più tempo per continuare e portare a termine i lavori scientifici (anche perché poi, quando Scharwz partì nel 1892, avendo accettato la chiamata a Berlino, il periodo di attività prevalentemente organizzativa riprese intensamente). Le idee e le proposte per la trasformazione e il rinnovamento in campo scientifico e didattico, che portai avanti in quel periodo, si riallacciano direttamente alle mie iniziative precedenti. Soprattutto, mi pareva che l'insegnamento di tipo matematico-scientifico fosse troppo grettamente legato alle competenze specifiche dei vari docenti. Mi pareva che esso andasse modificato: anzitutto bisognava, ancor più che in passato, porre in primo piano il legame fra tutte le discipline scientifiche e contrastare un'eccessiva specializzazione, priva d'idee-guida generali; in secondo luogo, si doveva includere la Matematica applicata nell'insegnamento delle discipline per cui essa è rilevante, come la Tecnica, l'Astronomia, la Geodesia, le Assicurazioni; infine, bisognava organizzare, come un tutto organico, l'intero settore dell'apprendimento matematico dai primi inizi, nella scuola elementare, fino alla più alta ricerca scientifica. Mi era sempre più chiaro che, trascurando questa visione generale, ne avrebbe sofferto anche la ricerca scientifica pura che, allontanandosi dallo sviluppo culturale generale così vario e vitale, si condannava all'inaridimento come una pianta in una cantina senza sole.

La lotta a sostegno di queste idee è stato essenzialmente il mio lavoro dei successivi venti anni. Come riferimento ideale, ho sempre avuto l'attività onnicomprensiva di Gauss. Poiché, però, oggi una simile padronanza di una quantità enormemente cresciuta di conoscenze è diventata impossibile per una sola persona, era mia opinione che matematici, scienziati e ingegneri dovessero collaborare in maniera adeguata. Ho anche sempre fatto notare, e lo ripeto in questa occasione, che Gauss ha acquisito la potenza concettuale, che gli ha permesso di avventurarsi da maestro in tutti i campi della Matematica applicata, attraverso un lavoro durissimo nel campo della Matematica pura.

Prima di illustrare in che modo ho messo in pratica questi progetti, devo ricordare una persona senza la cui comprensione e il cui efficace aiuto sarebbe stato impossibile attuare le mie idee. Si tratta del controverso – talvolta odiato – direttore ministeriale Friedrich Althoff, senza dubbio una delle personalità più eccezionali che abbia incontrato nella mia vita. Althoff, proveniente da Strasburgo, era entrato nel Ministero berlinese nel 1882 come consigliere referendario. Un'intelligenza eccezionale, una straordinaria capacità di lavoro e una forte volontà, insieme ad una viva fantasia creatrice, gli procurarono presto una grande influenza molto al di là del suo settore specifico. Alcuni scontenti hanno cercato di diffondere, attraverso la stampa, la tesi che Althoff fosse un funzionario reazionario, il che non era assolutamente vero. La verità era piuttosto che si comportava in maniera totalmente autocratica e seguiva princìpi d'opportunità; una volta riconosciuto giusto uno scopo, si metteva all'opera con assoluta determinazione e alla fine lo raggiungeva, trovando mezzi sempre diversi che gli garantivano il successo nelle varie situazioni. Era sempre pronto ad appoggiare qualsiasi iniziativa seria, non appena ne fosse venuto a conoscenza, soprattutto se si trattava di progetti d'ampio respiro. Tutti i grandi progressi compiuti dalle Università prussiane nei venticinque anni della sua permanenza al Ministero dell'Educazione si devono a lui o perlomeno sono strettamente legati alla sua attività.

Gottinga ha un gran debito di riconoscenza nei suoi confronti per il grande sviluppo delle strutture della Matematica e della Fisica, iniziato nel 1892. In alcuni vecchi appunti, ho scoperto di aver trascorso una giornata con Althoff già durante la mia prima giovinezza. Il 19 agosto 1870, si era trovato presso l'unità ausiliare alla quale appartenevo anch'io, a Boulan; ricordo chiaramente come il pomeriggio del giorno seguente, durante una lunga marcia, ebbi a conversare vivacemente con il nostro comandante, l'assessore Althoff, raccontandogli delle mie esperienze parigine e della mia intenzione di prendere l'abilitazione a Gottinga. I miei progetti relativi allo sviluppo dell'Università, una volta di nuovo a Gottinga, mi portarono a stretti rapporti con lui. Già nel 1888, dopo aver esaminato a fondo la *Technische Hochschule* di Hannover, gli proposi di unificare le *Technischen Hochschulen* prussiane con le Università. Negli anni seguenti ho avuto spesso incontri e trattative con lui, particolarmente in occasione di una chiamata avuta nel 1889 dall'Università americana di Worcester (Mass.). Althoff mi suggerì di rifiutare questa proposta, cercando di convincermi a trasferirmi a Berlino. Io però ricordavo troppo bene le cattive esperienze di salute avute in città grandi, dove avevo dovuto affrontare contemporaneamente impegni di tipo diverso. Inoltre mi ero fatto l'idea che, nell'interesse della scienza, fosse auspicabile la creazione di diversi centri di ricerca, con proprie caratteristiche (piuttosto che concentrare tutto in una grande città). Rifiutai perciò entrambe le proposte, a patto che a Gottinga si fossero avute maggiori possibilità di sviluppo. Althoff si dimostrò subito assolutamente disponibile per realizzare quest'idea. Quando nel 1892 Weierstrass fu nominato professore emerito, si rese urgente la chiamata a Berlino di un altro matematico. Così, come ho già detto, partì Schwarz, che era stato a Gottinga fin dal 1874, lasciandomi la responsabilità della didattica. Nello stesso periodo ricevetti una chiamata da Monaco, che però rifiutai in cambio di promesse vincolanti da parte del Governo statale per lo sviluppo della nostra Università. Fu portata a termine la riorganizzazione della *Società delle Scienze di Gottinga*, che andavo preparando già dal 1888 su incarico di Althoff, assicurandone la rilevanza e la crescita. Tra le importanti iniziative sostenute dalla *Società* vorrei ricordare l'edizione delle opere di Gauss (che dal 1897, dopo la morte di Schering, ho curato io stesso) e l'*Enciclopedia delle Scienze Matematiche*, di cui parlerò più diffusamente in seguito.

I miei progetti per la riforma dell'insegnamento matematico-scientifico si chiarirono ulteriormente durante un viaggio che feci in America nel 1893, come commissario del Ministero dell'Educazione, in occasione dell'*Esposizione universale* di Chicago. Mi era stato affidato l'incarico di rappresentare la scienza tedesca al Congresso matematico che si teneva in quella città. Così durante un *corso* di quattordici giorni, che fece seguito al Congresso, ebbi occasione di esporre ad un gruppo di eminenti colleghi i recenti sviluppi della Matematica, trasferendo nel nuovo mondo i progressi fatti nel vecchio. Il successivo grande sviluppo delle Università americane ha dato ragione alla mia intuizione che esse avessero grandi potenzialità. Ritornai in patria arricchito da numerosi stimoli. Innanzitutto, su incarico del Ministero, feci una minuziosa indagine sullo studio della Matematica da parte delle donne. Inoltre venni a conoscenza, con particolare interesse, dell'organizzazione concreta degli studi di Ingegneria nelle varie Università americane. Ne trassi la convinzione che l'Università si dovesse occupare della Matematica delle scuole preparatorie, molto più di quanto si facesse generalmente da noi. Mi fece particolare impressione la disponibilità dei privati, che ovunque mostrano molto interesse per il mantenimento e lo sviluppo delle Università americane.

Uno dei primi successi del viaggio americano fu l'arrivo di tre ragazze – due americane e una inglese – venute a studiare da noi Matematica e Fisica e che, dopo qualche resistenza, furono ammesse dall'amministrazione universitaria come uditrici. Nel 1895 ci fu il primo dottorato regolare di una donna in Prussia. La Matematica ha avuto in questo campo un ruolo pionieristico dato che rispetto alle altre scienze, nella Matematica, è ridotta al minimo la possibilità di far finta di aver compreso veramente. Ritengo che Althoff – anche in questo caso elemento trainante – abbia scelto, proprio per tale motivo, la Matematica per questo primo tentativo.

Nello stesso periodo mi dedicai con rinnovato entusiasmo al progetto, da lungo tempo accarezzato, di organizzare un legame organico tra la ricerca portata avanti nelle Università e la tecnica che si sviluppa intorno. Mi ero dovuto convincere che, per gli sviluppi storici intervenuti nel frattempo, il mio vecchio progetto di annettere le *Technischen Hochschulen* alle Università, come quinta facoltà *tecnica*, non poteva realizzarsi. Perciò speravo di sviluppare i contatti desiderati attraverso la creazione nella nostra Università di un *Istituto tecnico fisico* in cui non avrebbero dovuto farsi esperimenti di piccole dimensioni, in ambienti privi di effetti di disturbo e prodotti artificialmente, come si fa di solito negli istituti di Fisica, ma avere luogo osservazioni, misure, esperimenti su macchine vere, utilizzate nella tecnica sia a scopo scientifico che didattico. L'obiettivo era duplice: da un lato, la ricerca fisica sarebbe stata vitalizzata e stimolata attraverso il contatto con problemi ed esperienze della pratica tecnica; dall'altro lato, la scienza delle macchine, giunta ad un alto grado di sviluppo attraverso metodi più pratici, sarebbe stata arricchita dallo spirito matematico-fisico dei teorici. Seguendo gli spunti ricevuti in America, avevo in mente fin dall'inizio di stimolare l'interesse degli ambienti industriali per queste idee, in generale, e per il nostro Istituto di Gottinga in particolare. Anche se mi innervosiva l'idea di poter realizzare progetti di iniziativa privata in una società come la nostra, sempre in attesa di un aiuto statale, mi interessava di più la fruttuosa influenza reciproca che mi aspettavo tra scienziati e industriali impegnati nella vita pratica.

Queste idee incontrarono però resistenze ovunque. Dalle Università fu espresso il timore che il loro bene più prezioso, la purezza della ricerca scientifica (che andava difesa ad ogni costo e che non doveva essere contaminata da qualsiasi scopo pratico) potesse essere danneggiata dal contatto con ambienti economici. Mi si accusò di *americanismo*, si parlò di tradimento della scienza e si temette che, accettando aiuti economici, si sarebbe creata una pericolosa dipendenza dai finanziatori. Sono stati necessari anni di faticoso lavoro per vincere queste preoccupazioni e ottenere dai colleghi quella fiducia che, in seguito, è diventata elemento essenziale di questi progetti. Nel frattempo, lo sviluppo storico ha contribuito all'affermarsi delle mie idee; la crisi post-bellica ha reso dovunque ovvia l'idea dell'aiuto dell'economia privata e delle possibilità uniche da essa offerte per sostenere le scienze.

Un altro tipo di resistenza mi fu opposto da parte degli ingegneri delle *Technischen Hochschulen*. Rafforzato da sfortunate incomprensioni, si diffuse il sospetto che i miei progetti tendessero a declassare quelle scuole, sia attraverso un ridimensionamento e una riduzione del loro campo d'attività, sia abbassando il loro livello scientifico, frenando con ciò i loro sforzi – allora particolarmente vigorosi – tesi ad ottenere un'equiparazione con le più antiche Università. Così, nella nostra Università mi trovai piuttosto isolato mentre, nelle *Technischen Hochschulen*, venivo considerato un elemento della concorrenza nemica. Tra l'altro, erano allora in corso controversie piuttosto accese sulla possibilità di quelle Scuole di rilasciare dottorati; così, il mio progetto era considerato come una mossa di scacchi per impedire questa opportunità di sviluppo. È chiaro che tali sospetti mi apparivano davvero strani; fin dalla mia prima giovinezza, sono stato fra i primi docenti universitari a mobilitarsi in favore del conferimento del titolo di dottore agli ingegneri. Tutte queste difficoltà, che si basavano in gran parte su incomprensioni, alla fine, dopo anni di aspre controversie, furono superate definitivamente. Vorrei qui ricordare, a questo proposito, che fra tutti i riconoscimenti che ho avuto, nessuno mi è stato più gradito del Dottorato *Honoris Causa* conferitomi nel 1905 dalla *Technische Hochschule* di Monaco.

La strada per l'attuazione dei miei progetti divenne definitivamente libera nel 1896 in un momento in cui, per l'atteggiamento ostile degli ingegneri e la conseguente esitazione delle autorità, essi parevano ormai destinati al fallimento. Allora, infatti, a seguito di un secondo viaggio per conferenze in America, in occasione del giubileo dell'Università di Princeton, ebbi una proposta per New Haven dove, insieme a Gibbs[*], mi veniva offerto un incarico importante. Il fatto che avessi rifiutato l'offerta senza ulteriori trattative, perché mi ritenevo vincolato dai programmi e dalle iniziative per Gottinga, indusse Althoff a sciogliere finalmente le sue riserve e ad impegnarsi ad appoggiarmi attivamente. Attraverso il suo aiuto e quello del mio vecchio amico di Monaco, Linde, fu possibile riprendere il progetto (che fino a quel momento sembrava irrealizzabile) di stabilire contatti diretti con l'industria. Così finalmente trovai in H. Boettinger – direttore commerciale della fabbrica di colori di Elberfeld – una persona che, condividendone le idee, si occupò dei miei progetti, deciso a realizzarli grazie al suo parti-

---

[*] Josiah Willard Gibbs (1839-1903).

colare spirito d'iniziativa. Devo all'amicizia e alla collaborazione di Boettinger, che mi è rimasto amico fino alla sua morte nel 1920, molto più della realizzazione del mio progetto. Attraverso i continui contatti avuti con lui e con molti altri protagonisti della grande industria, che ho avuto modo di conoscere suo tramite, ho avuto la possibilità di venire a contatto con un mondo a noi estraneo – anche se vicino – che costituisce un nucleo essenziale della nostra società e che conformemente alle mie inclinazioni mi ha sempre affascinato come completamento della mia vita scientifica.

Grazie all'abilità pubblicitaria di Boettinger e di Linde, cominciarono ad arrivare i primi fondi. Anche il Governo diede un appoggio decisivo, con l'istituzione di un posto di professore straordinario per la *sezione tecnica dell'Istituto di Fisica*. Così, nel dicembre del 1897 si poté ottenere il primo diagramma indicatore di una macchina a vapore, evento molto significativo perché era la prima volta che un simile esperimento veniva fatto in una Università tedesca.

Lo sviluppo del progetto fu assicurato dalla creazione della *Göttinger Vereinigung zur Förderung der angewandten Physik und Mathematik* (Società per la promozione della fisica e della matematica applicate di Gottinga) che ebbe luogo nel 1898. Questa Società, il cui numero di soci – tra gli industriali e i professori di Gottinga – è cresciuto costantemente nel corso degli anni, ha svolto nei primi venti anni della sua esistenza un'attività oltremodo utile per Gottinga. L'Università deve ad essa e all'appoggio del Governo la creazione dei "*Nuovi Istituti di Matematica Applicata, Meccanica Applicata ed Elettricità Applicata*". Collegati ad essi e finanziati dal Governo sono nati l'*Istituto Fisico chimico*, l'*Istituto di Geofisica* ed il *Seminario per le Assicurazioni*. L'importanza pratica di tutte queste istituzioni era stata già favorita dall'inclusione della materia "Matematica applicata" nel nuovo piano di studi per aspiranti insegnanti del 1898; il loro futuro fu poi assicurato dell'istituzione di nuovi posti di professore ordinario.

Quando più tardi la crisi economica rese indispensabile, per tutte le attività scientifiche, l'autofinanziamento e furono create grandi istituzioni come la *Kaiser Wilhelm-Gesellschaft*, la *Helmoltz-Gesellschaft* ed altre, la nostra organizzazione locale sopravvisse come organizzazione speciale. Nel 1920, essa è stata annessa alla *Helmoltz-Gesellschaft* e in quest'ambito promuove i particolari interessi di Gottinga.

Connessa a tutti questi sviluppi, la mia attività didattica tendeva a valorizzare, oltre alla Matematica pura, anche le applicazioni. Dalle lezioni di questi anni sono scaturite pubblicazioni come il libro di Sommerfeld[*] sul

---

[*] Arnold Sommerfeld (1868-1942).

giroscopio. In seguito, ho sostenuto questo punto di vista soprattutto in seminari tenuti insieme a docenti dei nuovi Istituti. Grazie ad essi, riuscii a destare l'interesse anche degli studenti e i seminari furono in seguito frequentati da un buon numero di uditori.

La tendenza a riorganizzare i rapporti tra le varie discipline trovò, dal punto di vista matematico-scientifico, una base sperabilmente duratura nella già citata impresa editoriale dell'*Encyklopädie der mathematischen Wissensschaften mit Einschluss ihrer Anwendungen* (Enciclopedia delle scienze matematiche e delle loro applicazioni). Il desiderio di un vasto compendio, che potesse fornire un necessario sguardo d'insieme sulla nostra disciplina, sviluppata ormai in molteplici direzioni, era diffuso ovunque negli ambienti della giovane comunità matematica tedesca. Dati i miei orientamenti personali, ebbi fin dall'inizio vivo interesse per l'iniziativa. Lo stimolo decisivo venne inizialmente da un incontro con Franz Meyer, che allora insegnava a Clausthal. Una solida base fu poi posta nel 1895 con la creazione a Vienna della *Lega delle Accademie Tedesche* che si era costituita dopo la riorganizzazione della *Società delle scienze di Gottinga*.

Ho sempre sottolineato che, nell'*Enciclopedia,* la Matematica applicata dovesse avere lo stesso peso di quella pura; ciò nondimeno, presso i matematici applicati incontrammo notevoli difficoltà perché non volevamo semplici rassegne sulle normali attività nei singoli campi d'applicazione della Matematica, ma un'esposizione che mettesse in luce il vero nucleo matematico delle ricerche. Così, fin dal 1899, ebbi l'incarico speciale di creare le basi necessarie per l'elaborazione dei volumi "applicati" di Meccanica, Fisica, Geofisica e Astronomia attraverso molteplici contatti personali che a volte richiesero lunghi viaggi in Austria, Italia, Francia, Inghilterra, Olanda e Danimarca. Alla fine, in mancanza di altre scelte, assunsi io stesso la redazione del volume di Meccanica insieme al mio dottorando e collaboratore C. H. Müller. La direzione dell'opera complessiva fu affidata, per conto della *Lega delle Accademie tedesche*, alle abili mani di Dyck (di Monaco). Non è possibile, in questa sede, menzionare gli editori dei singoli volumi ed i collaboratori nazionali ed esteri, il cui numero supera di gran lunga le cento unità. Tuttavia, vanno ricordati i meriti speciali della casa editrice Teubner, che ha realizzato in maniera eccellente l'edizione dell'opera. Il suo completamento non è stato ancora raggiunto ma è ormai in vista, in una data sperabilmente non troppo lontana.

In relazione a questo lavoro per la *Lega delle Accademie tedesche*, durante i miei viaggi all'estero tra il 1897 e il 1900, mi sono occupato della creazione di un'unione matematica più larga, la cosidetta *Associazione*, che alla fine vide la luce e consentì di riunire la totalità dei circoli accademici di tutto il mondo, fino a quando la guerra mondiale provocò lo scioglimento di questa comunità ideale.

Oltre a queste iniziative, che servirono a mettere in evidenza i legami tra tutte le discipline scientifiche e acquisire un panorama generale del materiale esistente, la mia attività, nel periodo ora descritto, è stata volta soprattutto a riorganizzare l'insegnamento matematico nelle scuole. Quest'attività è stata legata principalmente ai corsi estivi, che si sono tenuti a Gottinga ogni anno a Pasqua sin dal 1892, per insegnanti di Matematica e Scienze delle scuole superiori. In tali corsi ho sempre sottolineato che bisogna tenere nella stessa considerazione sia le basi logiche che le applicazioni pratiche della Matematica anche se, in quest'ultimo campo, ho privilegiato inizialmente questioni di tipo metodologico-astratto. Era infatti mia intenzione impedire che i due aspetti della Matematica fossero separati e il metodo indicato mi pareva il migliore per contrastare le tendenze unilaterali molto frequenti. Così, in un secondo tempo, ho potuto occuparmi più efficacemente delle applicazioni. Per gli stessi motivi, in occasione di chiamate di matematici puri a Gottinga, mi sono adoperato perché si appoggiassero – fra i candidati validi – quelli che intendevano approfondire argomenti di settori scientifici diversi dal mio.

Naturalmente, ho appoggiato caldamente la parità tra i tre tipi di scuole superiori che fu decisa, dopo molte discussioni, alle quali anch'io partecipai, nella nota *Conferenza sulla scuola* che si tenne a Pentecoste del 1900.

Nel 1904 mi occupai del "Movimento per la riforma dell'insegnamento matematico" e dell'introduzione nelle scuole del calcolo differenziale ed integrale. Da una parte, bisognava contrastare quanti ritenevano che questi argomenti, per le loro difficoltà logiche e fors'anche filosofiche, oltrepassassero il livello dei programmi scolastici; dall'altra, per evitare di anticipare in maniera non scientifica nozioni difficili, bisognava impedire che si alimentassero equivoci sulla portata e sulle modalità del cambiamento previsto. Bisognava inoltre contrastare un gran numero di matematici delle scuole superiori che, nelle discussioni sull'argomento, pensavano solo ai loro futuri studenti mentre il *movimento* si sforzava di migliorare la formazione generale degli studenti, anche di quelli che volevano dedicarsi ad altri studi. In quel periodo, ho cercato di esporre chiaramente il mio punto di vista in numerose pubblicazioni e in una serie di lezioni dedicate alla formazione degli insegnanti.

L'introduzione del calcolo infinitesimale e il conseguente rinnovamento dell'insegnamento scientifico nelle scuole superiori richiedevano la formulazione di nuovi piani di studio. Ho collaborato attivamente a questo problema, per il quale si è mobilitata fin dal 1904 la *Società dei naturalisti e dei medici tedeschi*. Una prima sintesi di questa attività si ebbe nel 1905 con le cosiddette *Proposte di Merano*. Gli stessi temi furono poi ulteriormente sviluppati dalla *Commissione tedesca per l'insegnamento della matematica e delle scienze,* attraverso vivaci discussioni, e rimangono ancora attuali a causa della riforma della scuola introdotta nel 1918.

Questa mia attività richiese un impegno più ampio quando, nel 1908, accettai la presidenza di una costituenda *Commissione Internazionale per l'insegnamento della Matematica applicata.* La commissione era stata proposta dall'americano E. Smith[*] e approvata dal Congresso Internazionale di Matematica, tenuto a Roma nel 1908. Prevedeva un paziente lavoro di raccolta del materiale sui metodi di insegnamento della Matematica in tutti i tipi di scuole dei vari paesi. Nel lavoro preliminare ebbi l'aiuto del Prof. Fehr[**] di Ginevra, che era stato nominato segretario generale della *Commissione,* e che risultò tanto più importante in quanto, oltre a coordinare tutto il lavoro, dovevo organizzare l'iniziativa per quanto riguarda la Germania.

Il progetto internazionale rimase sfortunatamente incompleto a causa della guerra; tuttavia apparvero complessivamente duecentonovantaquattro pubblicazioni. La maggior parte di esse (53) è dovuta alla sezione tedesca, che è stata chiusa nel 1917. La stampa del rapporto fu curata dalla casa editrice Teubner, con un'edizione che purtroppo, date le circostanze, riuscì più concisa di quanto avessimo previsto. Tuttavia, i lavori riescono a fornire un quadro abbastanza completo dello stato in cui si trovavano prima della guerra le varie istituzioni didattiche tedesche. Speriamo che, dopo tutti gli sconvolgimenti che nel frattempo si sono verificati nelle nostre scuole, questa raccolta di materiale possa un giorno raggiungere il suo scopo. La sezione tedesca della *Commissione Internazionale per l'insegnamento della Matematica applicata* esiste ancora e in questi giorni ha cominciato a occuparsi di un nuovo progetto.

Quando nel 1907 fui designato come rappresentante dell'Università di Gottinga al Senato prussiano, mi sforzai di servire la causa dello sviluppo dell'insegnamento e subito promossi la formazione di una speciale commissione per la didattica. In essa, insieme al vecchio conte Haeseler e molti altri, mi sono occupato di problemi estranei ai miei interessi professionali, come per esempio delle scuole di perfezionamento, degli studi all'estero o dell'educazione sessuale. A causa delle appassionate prese di posizione che tali problemi determinarono in ambienti più vasti, non sempre è stato possibile far prevalere opinioni moderate. Oltre a questi impegni, fui coinvolto in due altri importanti progetti che servivano a sottolineare l'interconnessione delle scienze esatte e una visione d'insieme del loro significato.

---

[*] David Eugene Smith (1860-1944).
[**] Henri Fehr (1870-1954).

Nel 1909 fui eletto nel Consiglio direttivo del *Deutsches Museum* di Monaco. Non potevo rifiutare l'incarico, dal momento che quella eccellente creatura di Miller, con il suo carattere lungimirante, ben dotata sia dal punto di vista storico che specialistico, corrispondeva sotto ogni punto di vista alle mie idee. Mi sono anche sentito obbligato a collaborare alla grande opera miscellanea scientifica *La cultura di oggi* (curata da Hinneberg e pubblicata da Teubner) dove si trattava di mettere in luce come la scienza matematica (così come tutta la cultura tecnico-scientifica) rientrasse nel quadro complessivo delle conquiste spirituali del nostro tempo, dimostrando il loro influsso in quasi tutti i campi dell'attività umana. In particolare, ho collaborato alla preparazione del volume sulla Matematica, di cui nel 1914 apparve come terzo fascicolo l'importante contributo di Doss, che espone in maniera chiara, comprensibile pure ad un non specialista, tutta la scienza d'oggi.

Durante queste faticose attività, che svolgevo principalmente attraverso conferenze ed incontri in varie sedi, nell'autunno del 1911 la mia salute venne meno in maniera preoccupante per la seconda volta. Dopo un anno di congedo trascorso a Hahnenklee e inutili tentativi di ricominciare almeno le lezioni, dovetti decidermi a rinunziare sia all'insegnamento che alla partecipazione personale alle discussioni generali. Così a Pasqua del 1913 diventai Professore emerito. In tutto questo periodo, però, non ho cessato del tutto le mie attività, ma mi sono dedicato ad un lavoro più tranquillo ed in particolare a sviluppare progetti elaborati precedentemente portandoli se possibile a conclusione. Neppure la guerra, con tutti gli sconvolgimenti ad essa legati, mi ha causato cambiamenti rilevanti; anzi, forse a causa del continuo stato di agitazione in cui mi trovavo, ha riacceso il piacere di lavorare. Nel periodo in cui i nostri figli erano al fronte mi sembrava che fosse un ovvio dovere di noi vecchi, che restavamo a casa, quello di unirci con i pochi studenti rimasti per mantenere viva la tradizione dell'attività scientifica. Considerando le opinioni errate che si sono formate all'estero su di noi, mi pare importante sottolineare che in Germania, durante la guerra, la ricerca scientifica non si è fermata ma al contrario – per esempio in Fisica – ha compiuto notevoli progressi.

Relativamente all'iniziativa editoriale *Cultura di oggi*, mi ero proposto di fornire una descrizione dello sviluppo della nostra scienza nel XIX secolo, nella quale doveva essere messa in evidenza l'interazione realizzatasi tra i vari ricercatori. Per padroneggiare l'immenso materiale, ho fatto ricorso al metodo già usato in precedenza di esporre, in lezioni rivolte ad un uditorio ristretto, singoli capitoli. Da queste lezioni, scaturirono una serie di esposizioni provvisorie che ebbero una larga diffusione come copie dattiloscritte. La realizzazione completa del progetto richiese in realtà un lavoro più lungo del previsto, perché anche chi ha partecipato a gran parte dello sviluppo scientifico ha bisogno poi di uno studio intenso per approfondire quelle parti che conosce solo nelle linee generali.

Il completamento del progetto, per quanto già piuttosto avanzato, fu alla fine impedito dalla proposta che colleghi ed amici mi rivolsero, nel 1918, di occuparmi dell'edizione completa dei miei lavori scientifici. Non potei rifiutare la richiesta, perché venivano offerti appoggi da varie parti e la casa editrice Springer, malgrado tutte le difficoltà del tempo, si era dichiarata pronta ad occuparsi della pubblicazione. Poiché non si trattava di una semplice ristampa, ma di rielaborare e commentare il materiale, questo lavoro ha richiesto quasi cinque anni e i tre volumi finali sono stati pubblicati solo da poco. Il loro contenuto è essenzialmente specialistico e pertanto non è il caso di discuterne più approfonditamente in questa sede, in cui ho esposto per esteso quegli aspetti della mia attività che non rientrano nelle mie *Opere complete*. Compito degli anni che mi restano sarà, fin tanto che le forze me lo consentiranno, quello di rielaborare le lezioni che sono al momento disponibili in parte in forma litografata e in parte come manoscritti.

Se guardo alla mia vita, posso dire con riconoscenza che la Provvidenza mi ha concesso di sviluppare in diverse direzioni le energie che avevo dentro di me, anche se ha posto dei limiti alla mia produttività per via di una salute insufficiente. Ritengo una fortuna particolare essere rimasto sempre fedele a me stesso, in quanto nel corso degli anni ho sviluppato solo le idee che mi interessavano già da giovane. Mi è però diventato sempre più chiaro che agli uomini è possibile costruire autonomamente il proprio destino solo in misura limitata, perché intervengono sempre pesantemente circostanze esterne indipendenti dalla nostra volontà.

Gottinga, Primavera 1923

GPSR Compliance

The European Union's (EU) General Product Safety Regulation (GPSR) is a set of rules that requires consumer products to be safe and our obligations to ensure this.

If you have any concerns about our products, you can contact us on

ProductSafety@springernature.com

In case Publisher is established outside the EU, the EU authorized representative is:

Springer Nature Customer Service Center GmbH
Europaplatz 3
69115 Heidelberg, Germany

www.ingramcontent.com/pod-product-compliance
Lightning Source LLC
Chambersburg PA
CBHW071720100426
42873CB00016B/352